U0173311

建筑工程设计常见问题汇编
建 筑 分 册

孟建民　主　　编
陈日飙　执行主编
深圳市勘察设计行业协会　组织编写

中国建筑工业出版社

图书在版编目（CIP）数据

建筑工程设计常见问题汇编. 建筑分册 / 孟建民主编；深圳市勘察设计行业协会组织编写. — 北京：中国建筑工业出版社，2021.1 （2021.6重印）
ISBN 978-7-112-25853-6

Ⅰ. ①建… Ⅱ. ①孟… ②深… Ⅲ. ①建筑设计—问题解答 Ⅳ. ①TU2-44

中国版本图书馆 CIP 数据核字(2021)第 024846 号

责任编辑：费海玲　张幼平
责任校对：李欣慰

建筑工程设计常见问题汇编　建筑分册

孟建民　主　　编
陈日飙　执行主编
深圳市勘察设计行业协会　组织编写

＊

中国建筑工业出版社出版、发行(北京海淀三里河路9号)
各地新华书店、建筑书店经销
北京红光制版公司制版
北京富诚彩色印刷有限公司印刷

＊

开本：880毫米×1230毫米　1/16　印张：13½　字数：379千字
2021年2月第一版　　2021年6月第二次印刷
定价：78.00元
ISBN 978-7-112-25853-6
(36702)

《建筑工程设计常见问题汇编》
丛书总编委会

编委会主任：张学凡

编委会副主任：高尔剑　薛　峰

主　　　编：孟建民

执 行 主 编：陈日飙

副　主　编：（按照专业顺序）

　　　　　　林　毅　杨　旭　陈　竹　冯　春　张良平　张　剑

　　　　　　雷世杰　李龙波　陈惟崧　汪　清　王红朝　彭　洲

　　　　　　龙玉峰　孙占琦　陆荣秀　付灿华　刘　丹　王向昱

　　　　　　蔡　洁　黎　欣

指 导 单 位：深圳市住房和建设局

主 编 单 位：深圳市勘察设计行业协会

《建筑工程设计常见问题汇编 建筑分册》
编 委 会

分 册 主 编： 孟建民

分册执行主编： 陈日飙　林　毅　杨　旭

分 册 副 主 编： 陈　竹　冯　春　蔡　洁　黎　欣

分 册 编 委：（以姓氏拼音字母为序）

　　　　　　　郭智敏　李晓光　牟中辉　孙　逊　唐　谦　王宝秦

　　　　　　　颜家纯　严庆平　周戈钧

分册主编单位： 深圳市勘察设计行业协会

　　　　　　　香港华艺设计顾问（深圳）有限公司

　　　　　　　深圳市建筑设计研究总院有限公司

分册参编单位： 深圳华森建筑与工程设计顾问有限公司

　　　　　　　奥意建筑工程设计有限公司

　　　　　　　深圳市市政设计研究院有限公司

　　　　　　　深圳大学建筑设计研究院有限公司

　　　　　　　深圳艺洲建筑工程设计有限公司

　　　　　　　深圳市华汇建筑设计事务所（普通合伙）

序

　　40 年改革创新，40 年沧桑巨变。深圳从一个小渔村蜕变成一座充满创新力的国际化创新型城市，创造了举世瞩目的"深圳速度"。2019 年《关于支持深圳建设中国特色社会主义先行示范区的意见》的出台，不仅是对深圳过去几十年的创新发展路径的肯定，更是为深圳未来确立了创新驱动战略。从经济特区到社会主义先行示范区，深圳勘察设计行业是特区的拓荒牛，未来将继续以开放、试验和示范的姿态，抓住粤港澳大湾区建设重要机遇，为社会主义先行示范区的建设添砖加瓦。

　　2020 年恰逢深圳经济特区成立 40 周年。深圳勘察设计行业集结多方技术力量，总结经验、开拓进取，集百家之长，合力编撰了《建筑工程设计常见问题汇编》系列丛书，作为深圳特区成立 40 周年的献礼。对于工程设计的教训和问题的总结，在业内是比较不常见的，深圳的设计行业率先将此类经验整合出书，亦是一种知识管理的创新。希望行业同仁深刻认识自身的时代责任，再接再厉、砥砺奋进，坚持践行高质量发展要求，继续助力深圳成为竞争力、创新力、影响力卓著的全球标杆城市！

2021 年 1 月

前　言

　　建筑工程质量关系到国家经济发展和人民生命财产安全。近年来，我国不断加强建筑工程品质管理，整体水平有所提升。2019年9月，国务院办公厅转发了住房和城乡建设部《关于完善质量保障体系　提升建筑工程品质指导意见的通知》，提出通过完善质量保障体系来解决建筑工程质量管理面临的突出问题。

　　深圳市致力于"质量强市"，深入贯彻落实党中央、国务院的决策部署，不断加强建筑工程质量管理、不断提升建筑工程品质，创造了一个又一个的建筑工程标杆。同时应该看到，目前国内建筑工程量大面广，质量安全事故依然屡见不鲜。除了施工，造成部分质量安全事故的原因也有不合理的设计因素。究其原因，一方面，有些设计人员对国家规范的理解存在不到位的问题；另一方面，有些设计人员缺乏足够的经验积累，在一些常见的、多发的问题上犯错误。

　　为提高全市建设工程质量水平，构建建筑工程常见问题防治长效机制，中国工程院孟建民院士号召发起并亲任主编，由深圳市勘察设计行业协会多家会员单位、近百名专家和总工组成的编委团队合力编撰了"建筑工程设计常见问题汇编"系列丛书，按照专业分为建筑、结构、给水排水、电气、暖通、绿色建筑、装配式建筑7个分册。本丛书的定位是收录建筑工程设计项目中的常见问题，一般是专业技术的重复犯错、多发的问题，并提出应对措施。本丛书的主要受众是从事建筑设计的年轻设计师和工程管理人员，目的是帮助他们，让他们少走弯路、减少和预防重复犯错。

　　本书是系列丛书的建筑分册。深圳市勘察设计行业协会组织，面向全市行业内各单位广泛征集设计常见问题案例，一批深耕建筑设计领域多年的行业专家，历时数月，从大量的工程实践和案例中筛选出建筑专业设计中348个常见问题，整理分类、编辑成册。本书按问题类型分为八个章节：建筑总说明及构造做法，总图及场地设计，典型建筑功能及空间设计，消防设计，排水设计，安全、卫生、无障碍设计，建筑构造及部位，建筑与其他专业配合常见问题；这些问题涵盖了建筑设计的各个阶段：设计前期、方案、初步设计、施工图设计、施工后期配合。书中对每一个问题进行了描述和原因分析，并给出了切实可行的应对措施和改进建议，部分案例配有图示或照片，简洁明晰，方便设计、技术人员掌握和应用。

　　本书实用性强、应用面广，可为从业者提供有效的指导，从而进一步提升建筑工程设计质量。

目　　录

第 1 章　建筑总说明及构造做法

1.1　规划指标

问题【1.1.1】

问题描述：

经济技术指标表在设计说明里列出的数据与总平面图里的数据不一致，在施工图里列出的数据与规划方案报建批准的数据不一致，设计人未仔细核对政府批复文件，施工图设计面积指标超出规划允许范围。

原因分析：

经济技术指标表是规划设计申报核心内容，数据在不同图纸里面出现应确保一致。另外，设计人对方案设计阶段、初步设计阶段、施工图阶段指标未进行复核控制，导致施工图设计指标超出规划批准指标允许范围，规划验收时现场各种拆改。

应对措施：

1）同一版图纸中，出现指标的部分应保持数据一致。

2）各个阶段图纸应对面积进行充分校核，与用地规划许可证和工程规划许可证中的指标进行核对，遵循当地规划审批部门的相关规定，并及时修正设计。

问题【1.1.2】

问题描述：

规划许可证上的商业面积是否要分摊每层其他功能的核心筒、大堂的面积?

原因分析：

国家标准与地方标准的建筑面积计算规定有可能存在差异。

应对措施：

建筑设计中面积计算应执行《建筑工程建筑面积计算规范》GB/T 50353—2013 以及地方有明确规定的建筑面积计算技术规范。

例如深圳项目，还要依据深圳市《房屋建筑面积测绘技术规范》SZJG 22—2015 计算建筑面积。核心筒、大堂的面积是否分摊，原则上应根据为谁服务的功能来定。如商业只设在底层，直接有对外出口，不需要通过核心筒、大堂，则商业就是纯商业部分面积，本层的核心筒、大堂等内容面积应计入与上部功能一致的面积内；如果商业部分由多层组成，则只为商业服务的一切楼梯、电梯等应计入商业面积，单独为上部功能服务的楼梯、电梯等则应计入同上部功能一致的面积内。

问题【1.1.3】

问题描述：

建筑采用较宽双层幕墙时，其建筑面积该如何计算？

原因分析：

目前建筑设计中执行的面积规范，如《建筑工程建筑面积计算规范》GB/T 50353—2013 和地方有明确规定的建筑面积计算技术规范对新型构造做法不甚明确。

应对措施：

依据《建筑工程建筑面积计算规范》GB/T 50353—2013 第 3.0.23 条，以幕墙作为围护结构的建筑物，应按幕墙外边线计算建筑面积。建筑外墙为双层幕墙时，应以最外道幕墙外边界线计算建筑面积。

问题【1.1.4】

问题描述：

超高层建筑采用的幕墙外置龙骨较大，其首层占地面积如何计算？是否包含龙骨面积？（如图 1.1.4所示）

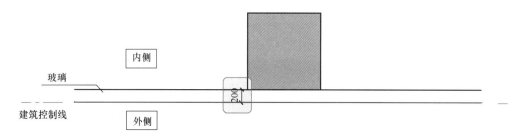

概念设计时表达方式 平面

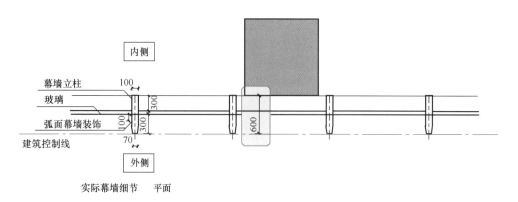

实际幕墙细节 平面

图 1.1.4 案例示意

原因分析：

目前建筑设计中执行的面积规范，如国家标准《建筑工程建筑面积计算规范》GB/T 50353—2013 和地方有明确规定的建筑面积计算技术规范对新型构造做法不甚明确。

应对措施：

参考《建筑工程建筑面积计算规范》GB/T 50353—2013 第 3.0.23 条："以幕墙作为围护结构的建筑物，应按幕墙外边线计算建筑面积。"幕墙以其在建筑物中所起的作用和功能来区分。直接作为外墙起围护作用的幕墙，按其外边线计算建筑面积；设置在建筑物墙体外起装饰作用的幕墙，不计算建筑面积。幕墙龙骨大、主受力，且凸出玻璃面的情况下，计算首层占地面积时，突出玻璃面的装饰性大龙骨不算面积。

设计应充分考虑幕墙形式，对幕墙的大致构件及尺寸有初步判断，并留足余地。应注意包括但不限于：①设计楼板位置；②幕墙系统与结构构件的位置关系，是紧贴还是留一定距离；③幕墙自身结构立柱的尺寸，以及位于室内还是室外；④幕墙外部装饰构件的尺寸；⑤其他特殊做法的尺寸和间距要求。

1.2　建筑总说明

问题【1.2.1】

问题描述：

为保护和改善环境，保证建设工程质量，各地已经普遍推广并要求采用预拌砂浆，但设计构造仍为传统混合砂浆的厚度和做法。

设计说明中未注明墙体工程的砌块、砂浆强度等级，不同砌块未注明使用对应的砂浆。

原因分析：

设计人对预拌砂浆做法不够了解，对墙体材料和相应采用的砂浆等级不熟悉。

应对措施：

1）在建筑总说明中明确本工程所有砂浆为预拌砂浆；熟悉《预拌砂浆应用技术规程》JGJ/T 223—2010、《预拌砂浆》GB/T 25181—2019，按预拌砂浆更新工程做法内的构造，对于不同性能需求，选用匹配的预拌砂浆代码和适宜的厚度。

2）了解项目所在地墙体材料常用做法，参考《墙体材料应用统一技术规范》GB 50574—2010 控制块体材料最低强度等级、砌筑砂浆及抹灰砂浆强度等级、不同块材使用的专用砂浆，并在建筑总说明中明确。

问题【1.2.2】

问题描述：

施工图的建筑面积指标超出方案批复的面积指标，导致重新修改申报。

原因分析：

设计前期未充分考虑地下室出地面风井及发电机房排烟井、屋顶设备机房等面积计算，未提前预估此部分面积，导致最终建筑面积超出方案批复的面积指标。

应对措施：

各地规划控制的面积计算规定有可能存在差异，设计前期需提前和当地规划及测绘部门沟通，提前预留风井及烟井占用的计容面积，在设计深化阶段进行技术协调时，作出相应调整，以保证施工图与方案批复的面积指标一致。

问题【1.2.3】

问题描述：

施工图设计总说明中的外窗抗风压性能分级与项目实际情况不符，导致门窗深化设计需返工。

原因分析：

设计师对外窗抗风压性能分级如何确定不熟悉。

应对措施：

根据结构专业提供的项目所在地的地面粗糙度（分为 A、B、C 类），按国家标准图集《门窗幕墙风荷载标准值》04J906 查找项目所在地的地抗风压值，再根据此图集进一步查出外窗抗风压性能分级。

问题【1.2.4】

问题描述：

建筑构造做法中未体现节能和绿色建筑等采用的新材料、新技术要求，如隔声楼板做法、玻璃可见光反射比要求、门窗开启要求等。

原因分析：

节能和绿色建筑以及海绵城市设计多以文本形式报审，造成其相关技术措施在现场按图施工时遗漏。

应对措施：

学习掌握相关技术内容及要求，并落实到图纸中，以达到施工及验收的要求。

问题【1.2.5】

问题描述：

某住宅地下车库构造做法表中，车库及楼梯等部位顶棚及墙面选用乳胶漆涂料，其燃烧性能不符合《建筑内部装修设计防火规范》GB 50022—2017 第 5.3.1 条的要求。

原因分析：

乳胶漆属于有机涂料，燃烧性能达不到 A 级。

应对措施：

将乳胶漆替换为燃烧性能为 A 级的无机涂料。

问题【1.2.6】

问题描述：

某住宅项目地下车库构造做法表中，风机房上部为卧室，机房的顶板和墙体的构造做法未采取隔声降噪措施，影响住宅品质。

应对措施：

应避免此类布局方式；确有困难时，噪声较大和有振动的设备用房机房的顶板和墙体的构造做法应采取有效的隔声降噪措施。

问题【1.2.7】

问题描述：

某幼儿园项目构造做法表中多处地面均设计为地面砖，但未注明材料的防滑要求，存在安全隐患。

原因分析：

依据《建筑地面工程防滑技术规程》JGJ/T 331—2014 第 4.1.5 条：对于老年人居住建筑、托儿所、幼儿园及活动场所、建筑出入口及平台、公共走廊、电梯门厅、厨房、浴室、卫生间等易滑地面，防滑等级应选择不低于中高级防滑等级。幼儿园、养老院等建筑室内外活动场所，宜采用柔（弹）性防滑地面，应符合国家现行标准《老年人居住建筑设计标准》GB/T 50340—2003 和《托儿所、幼儿园建筑设计规范》JGJ 39—2016（2019 年版）的规定。

应对措施：

应注明地面砖的防滑等级。具体防滑等级见《建筑地面工程防滑技术规程》JGJ/T 331—2014 第 4.2.1、4.2.2 条。

问题【1.2.8】

问题描述：

项目开展过程中，在概算评审、报建阶段、竣工验收阶段面积计算依据标准不同，如国家标准与深圳标准，造成建筑面积指标前后不一致。

1

原因分析：

　　概算评审依据《建筑工程建筑面积计算规范》GB/T 50353—2013 中的相关技术规定计算建筑面积。

　　在施工图阶段、报建阶段、竣工验收测绘，依据当地规定如深圳市《房屋建筑面积测绘技术规范》SZJG 22—2015 计算建筑面积。

　　审批标准存在差异，如 GB/T 50353—2013 中并无"核增"此项内容，SZJG 22—2015 有"核增"相关条款等。

应对措施：

　　在设计过程中要注意国家标准与地方标准的条文差异，避免竣工验收、审计结算出现问题。

第 2 章　总图及场地设计

2.1　边线及退距

问题【2.1.1】

问题描述:

前期总图设计在建筑定位时未预留足够的装饰面层厚度,导致建筑外墙装饰面层在施工完成后,超出建筑控制线。

原因分析:

设计前期着重总体规划布局,忽略后续立面设计的空间需求,对装饰工艺和材料不熟悉。

应对措施:

在设计前期建筑退线定位时要预留一定的装饰面层厚度,熟悉常见外墙材料立面构造的最小尺寸,如石材幕墙立面空间至少预留 600mm,金属铝板幕墙立面空间至少预留 300mm 等,避免后期更改。

问题【2.1.2】

问题描述:

一些地区如深圳的住宅设计中,经常会碰到蝶形点式塔楼间距计算问题,《深圳市城市规划标准与准则》规定平行布置的高层住宅与高层住宅之间最小间距不应小于 24m,而蝶形塔楼因单户朝向均错开,不存在对视,因此蝶形塔楼间距是否满足日照及消防即可?(如图 2.1.2 所示)

原因分析:

深圳住宅用地较为紧张,不少地块面积狭小、用地不规整且容积率高,总图布局在考虑日照及其他因素的前提下,蝶形点式塔楼成为首选,但其间距控制不甚明确,《深圳市城市规划标准与准则》也无塔楼间距控制图例示意。

应对措施:

采用蝶形塔楼平行布置时,在前后排视野错开且满足日照、消防前提下,与相关政府部门沟通后,可突破 24m 间距要求。

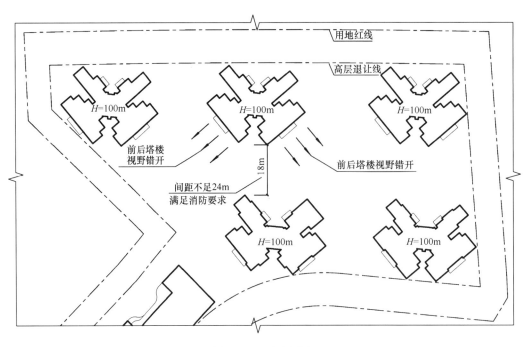

图 2.1.2 案例示意

问题【2.1.3】

问题描述：

铝合金幕墙有外露的大尺寸龙骨，计算建筑物间距时，计到外墙边还是龙骨边？

原因分析：

目前建筑设计规范和标准，对一些新型构造节点的规定不甚明确。

应对措施：

参考《建筑设计防火规范》GB 50016—2014（2018年版）附录 B B.0.1，建筑物之间的防火间距应按相邻建筑外墙的最近水平距离计算，当外墙有凸出的可燃或难燃构件时，应从其凸出部分外缘算起。铝合金幕墙外露的大尺寸铝合金龙骨，属于不燃材料，则计算距建筑物间距时，可计至建筑外墙边。

问题【2.1.4】

问题描述：

建筑定位坐标输出错误，导致施工现场放线出错。

原因分析：

总图设计过程中改变了原始地形图或红线位置，在移动后的总图上输出建筑定位坐标有误。

应对措施：

1）总图设计时尽可能在原始地形图或红线图上进行设计。

2）在输入建筑定位坐标前先复核并确认用地红线坐标的准确性，在此图中进行建筑坐标定位。

3）如果总图改变了原始地形图或红线图位置，需回到原始红线图中定位建筑坐标再拷贝到新的图中。

问题【2.1.5】

问题描述：

总图设计未套周边现状地形图，致使项目红线内建筑与现有周边建筑、道路间距不足。

原因分析：

原始地形图中周边建筑轮廓、层数、名称、性质、高程等都是重要的总图设计依据，建筑和周边建筑的距离在《建筑设计防火规范》GB 50016—2014（2018 年版）、各地规划相关规定等文件中都有控制要求。如总图设计忽略这些信息，有可能对总图布局造成重大调整。如甲乙丙类厂房、仓库，其与其他建筑、厂外道路均有 20～50m 不等的防火间距要求，如果仅按一般多层建筑线退用地红线 5m 的要求，当建筑紧贴可建红线时就有可能导致间距不足。

应对措施：

总图设计应套用地红线周边 50m 范围内现状地形图，充分了解周边建筑的相关信息，根据相关规范来控制项目内建筑与周边建筑的间距。

问题【2.1.6】

问题描述：

住宅宅间路（附属道路），净宽小于 2.5m 导致验收通不过（如图 2.1.6 所示）。

原因分析：

设计时忽略了《城市居住区规划设计标准》GB 50180—2018 中对宅间路（附属道路）要求。

应对措施：

设计时住宅宅间路（附属道路）在没有大货车和消防车通行要求下，有建筑出入口，宅间路（附属道路）最小净宽应大于等于 2.5m，无建筑出入口，宅间路（附属道路）最小净宽应大于等于 2.0m。

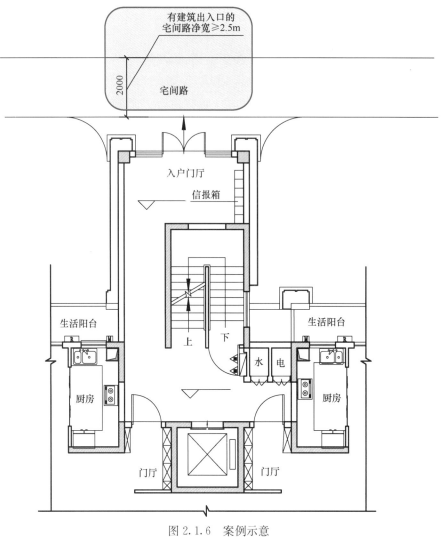

有建筑出入口的
宅间路净宽≥2.5m

2000

宅间路

入户门厅

信报箱

生活阳台

生活阳台

上

下

水　电

厨房

厨房

门厅

门厅

图 2.1.6　案例示意

问题【2.1.7】

问题描述：

地下室、基础退红线不够或过小，导致管道设施、化粪池排布紧张，后期难以增加设施。

原因分析：

设计人员对室外综合管网知识掌握不够，对项目可能增加的设施没有预判。

应对措施：

设计人员在方案前期，应根据项目实际情况，在条件允许的情况下，尽可能加大地下室退线，为管道设施留出余地，施工图设计时应进行项目的室外管网综合设计并为城市管网建设留出余地。

问题【2.1.8】

问题描述：

某项目总图施工图中，建筑物层高、位置和间距与规划要求不一致，后期无法顺利通过规划验收，造成项目出现重大变更。

原因分析：

项目的前期设计和深化阶段设计人员不同，施工图设计阶段，设计人未核对前期条件，忽略报批通过的施工规划图要求，对建筑间距、层高或位置等进行了调整。

应对措施：

进行施工图深化设计时，首先应注意核对前期各种条件后再进行深化设计，设计要符合规划要求，以免出现后期重大修改。项目的负责建筑师应对项目全过程进行有效把控。

问题【2.1.9】

问题描述：

用地比较局促的情况下，下地库的车行开口直接从路边满足转弯半径的情况下开始起坡（如图 2.1.9所示）。

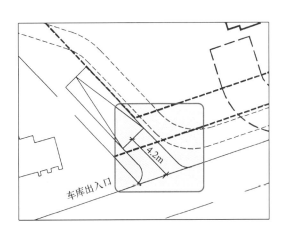

图 2.1.9 案例示意

原因分析：

未考虑车行道与人行道缓冲，未留出安全距离。

应对措施：

《民用建筑设计统一标准》GB 50352—2019 第 5.2.4 条

建筑基地内地下机动车车库出入口与连接道路间宜设置缓冲段，缓冲段应从车库出入口坡道起坡点算起，并应符合下列规定：

1 出入口缓冲段与基地内道路连接处的转弯半径不宜小于5.5m；

2 当出入口与基地道路垂直时，缓冲段长度不应小于5.5m；

3 当出入口与基地道路平行时，应设不小于5.5m长的缓冲段再汇入基地道路；

4 当出入口直接连接基地外城市道路时，其缓冲段长度不宜小于7.5m。

设置地库口起坡点时要应充分考虑车行出入口与市政道路间的缓冲。

问题【2.1.10】

问题描述：

幼儿园布置时，除幼儿活动单元外的其他幼儿生活用房相对其他高层建筑的间距不满足要求。（如图2.1.10所示）

原因分析：

依据《托儿所、幼儿园建筑设计规范》JGJ 39—2016（2019年版）规定，生活用房是供婴幼儿班级生活和多功能活动的空间，包括婴幼儿班活动单元、多功能活动室和为婴幼儿特殊活动的其他空间。

根据地方规定如《深圳市建筑设计规则》（2015年版），托儿所、幼儿园的生活用房与其他建筑的距离不应小于18m。

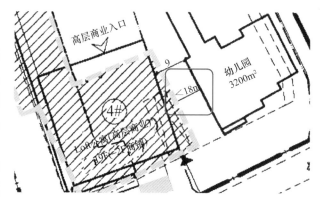

图2.1.10 幼儿园生活用房相对高层退距错误案例图

应对措施：

除按国家相关规定外，还应按当地幼儿园生活用房相对建筑退距的要求，调整幼儿生活用房的布置，以满足间距要求。

2.2 竖向设计

问题【2.2.1】

问题描述：

场地机动车出入口处（红线处）标高与市政道路标高相差较大，导致出入口车道标高高于或低于人行道标高，人行道标高突变影响人行道通畅（如图2.2.1所示）。

图2.2.1 总图路口竖向设计高差突变案例

原因分析：

总平面设计竖向设计深度不足，或设计人缺乏竖向设计概念，场地路口竖向设计未考虑对人行道的影响；场地机动车出入口处（红线处）标高高出市政道路较多，路口放坡距离不足，放坡点未考虑人行道的衔接。

应对措施：

　　1）注意场地设计的技术控制要点，提高场地设计的重视程度和设计能力。
　　2）适当降低场地机动车出入口处（红线处）标高。
　　3）控制出入口车道与人行道交汇段标高（尽量一致），不应大幅高于或低于人行道标高，确保人行道标高连贯，不产生突变。

问题【2.2.2】

问题描述：

　　相邻商铺高差太大，导致室外地面坡度太大，衔接不顺畅。

原因分析：

　　项目用地临市政道路，该市政道路坡度较大，沿街商铺立面设计时为了方便美观，需要商铺在集中的位置变标高，以对应市政道路标高的变化。带来的问题为，变标高处商铺室外地面坡度很大，衔接不顺畅。

应对措施：

　　1）商铺逐级变标高，尽量使商铺外的室外地面坡度控制在3%之内，提高行走舒适度。
　　2）景观在出图前需核实建筑室内标高与基地周边标高，规避出现图纸上标高与实际不符的情况。
　　3）若有高差不能放坡处理，尽量在人行道与商铺铺装内设置绿化带解决高差。

问题【2.2.3】

问题描述：

　　某坡地项目，场地为阶梯式布置，在局部高差2m的阶梯挡土墙临空处未采取安全防护措施，存在安全隐患。

原因分析：

　　《城乡建设用地竖向规划规范》CJJ 83—2016第8.0.4条："台阶式用地的台地之间宜采用护坡或挡土墙连接。相邻台地间高差大于0.7m时，宜在挡土墙墙顶或坡比值大于0.5的护坡顶设置安全防护设施。"

应对措施：

　　在阶梯高差大于0.7m处应采取安全措施，如护栏、绿植等防护措施。

2.3　场地设计

问题【2.3.1】

问题描述：

某住宅项目进、排风井出地面风口均设在山墙一侧，两者边缘最小水平距离仅 18m，不满足规范要求。

原因分析：

进、排风口过近会影响进风的空气质量，而加压送风机的进风必须是室外不受火灾和烟气污染的空气。一般应将进风口设在排烟口下方，并保持一定的高度差；必须设在同一层面时，应保持两风口边缘间的相对距离，或设在不同朝向的墙上，并应将进风口设在该地区主导风向的上风侧。

依据《建筑防烟排烟系统技术标准》GB 51251—2017 第 3.3.5.3 条：送风机的进风口不应与排烟风机的出风口设在同一面上。当确有困难时，送风机的进风口与排烟风机的出风口应分开布置，且竖向布置时，送风机的进风口应设置在排烟出口的下方，其两者边缘最小垂直距离不应小于 6m；水平布置时，两者边缘最小水平距离不应小于 20m。

应对措施：

排风井高度增加，风口底部抬高至与进风口边缘最小垂直距离不小于 6.0m。

问题【2.3.2】

问题描述：

某项目地下室顶板设计时，设计覆土厚度为 1.8m，后期园林设计时覆土厚度局部为 2.4m，超出顶板荷载设计。

原因分析：

园林专项设计未提前介入提出设计需求；后期设计时未仔细核对土建设计条件。

应对措施：

施工图文件的编制方，应在施工图设计文件中对园林设计提出明确、清晰的技术限定和设计要求，并将此类技术要求和技术限定在施工图设计文件中作出表述。

园林设计人员也应加强与土建设计的配合，在前期对土建提出覆土厚度要求，或根据施工图实际设计的覆土厚度进行园林设计。

2

问题描述：

某住宅小区项目，地下室排风井出地面的风口位置距地高度 1.2m，正对居民健身场地，排风口排出的废气影响人员通行和活动。

原因分析：

未充分考虑排风口对周围环境及人员活动的影响。

依据《车库建筑设计规范》JGJ 100—2015 第 3.2.8 条：排风口不应朝向邻近建筑的可开启外窗；当排风口与人员活动场所的距离小于 10m 时，朝向人员活动场所的排风口底部距人员活动地坪的高度应大于等于 2.5m。

应对措施：

需妥善安排排风口的位置、朝向及高度，防止或减少排出废气对人员活动的影响；排风井风口应朝向绿化等非人员活动场所方向；或者提高排风口底部高度不小于 2.5m。

2.4　日照

问题【2.4.1】

问题描述：

幼儿园作日照分析时，未考虑活动场地的日照要求，遗漏了音体室的日照计算，音体室的日照不满足规范要求。

原因分析：

在做日照分析时，要考虑活动场地的日照情况，幼儿生活用房由幼儿生活单元和幼儿公共活动用房组成。公共活动用房包括音体室、多功能活动室以及其他幼儿公共活动用房。

应对措施：

按规范要求：室外活动场地应有 1/2 以上的面积在标准建筑日照阴影线之外，做日照分析时，需充分考虑。托儿所、幼儿园的公共活动用房均应和生活单元一样满足冬至日满窗日照不小于 3h 的要求。

问题【2.4.2】

问题描述：

日照计算未考虑建筑首层地坪标高不同；建筑高度设定值只考虑了屋面完成面，未考虑女儿墙及屋面构架高度；日照受影响范围考虑不足，严重者导致总体布局调整、建成后新建建筑或原有建筑日照不足等问题。

原因分析：

　　未注意首层地坪标高、女儿墙及屋面构架高度、日照受影响范围对日照计算结果的影响。

应对措施：

　　日照计算应根据建筑楼栋的首层竖向标高、建筑女儿墙及屋面构架高度、当地规范规定的日照受影响范围等综合分析日照影响。

第 3 章　典型建筑功能及空间设计

3.1　住宅建筑

问题【3.1.1】

问题描述：

卫生间排气孔在窗边，导致安装吊顶后，住户无法安装吸顶式排气扇（如图 3.1.1 所示）。

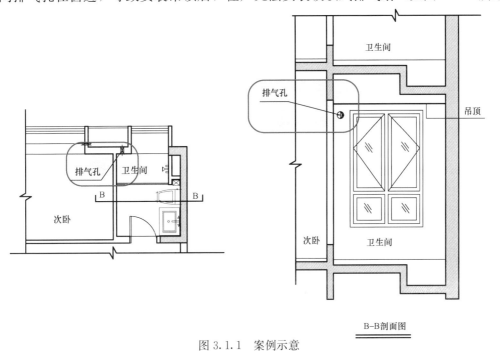

图 3.1.1　案例示意

原因分析：

卫生间排气孔设计过低，未考虑吸顶式排气扇的安装要求。

应对措施：

有吸顶式排气扇要求的卫生间，为便于安装，卫生间排气孔尽量设于窗顶上方 150mm 位置。

问题【3.1.2】

问题描述：

住宅卫生间沉箱位置与卫生间排气扇冲突。

原因分析：

住宅卫生间的排气扇洞口一般设置在外墙梁底。卫生间内沉箱降板范围无排气扇洞口的设置空间。

应对措施：

方案复核阶段需重点复核卫生间沉箱范围，以免出现此类问题。

问题【3.1.3】

问题描述：

高层住宅，栏杆高度从结构面起算仅 1100mm，不满足《住宅设计规范》GB 50096—2011 第 5.6.2 条，《民用建筑设计统一标准》GB 50352—2019 第 6.7.3 条的要求（如图 3.1.3 所示）。

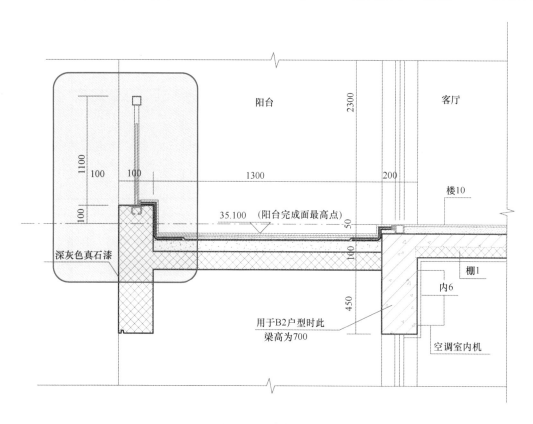

图 3.1.3　案例示意

原因分析：

1）设计人对规范中"净高"概念理解较模糊，计算净高时忽略应有建筑面层找坡厚度。
2）设计未考虑施工可能存在的误差。

应对措施：

1）栏杆尺寸标注从建筑面层算起，且应考虑可踏面的影响。

2）应注意区分不同位置及不同功能栏杆高度要求，如阳台、屋面、中庭、楼梯、临空高度等，幼儿园和中小学学校、商业和住宅等不同功能要求皆不同。详见《民用建筑设计统一标准》GB 50352—2019 等 6.7.3 条及各专项规范对栏杆的规定。

3）还应注意《托儿所、幼儿园建筑设计规范》JGJ 39—2016（2019 年版）的规定，防护栏杆采用垂直杆件做栏杆时，其杆件净间距不应大于 0.09m。综合体建筑中，如设有幼儿活动场地或幼儿活动用房时，栏杆要求均应参照此条执行。

问题【3.1.4】

问题描述：

入户门、内门无法安装门套或门无法 90°开启（如图 3.1.4 所示）。

原因分析：

对细节重视不够，未考虑装修条件，未设置门垛或左右两侧墙厚不一致。

应对措施：

所有门洞两侧均设计门垛并保持户门两侧墙体厚度一致。

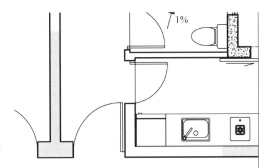

图 3.1.4　案例示意

问题【3.1.5】

问题描述：

厨房的烟道在最底层楼板开设烟道洞口。

原因分析：

绘图时户型大样采用标准户型参照图块，未考虑最底层楼板不应开设洞口。如果现场按图纸施工，后期还需通过植筋封堵洞口，造成浪费。

应对措施：

设计时建筑与结构专业核对清楚，底层烟道不应在楼板处开洞。

问题【3.1.6】

问题描述：

办公和住宅建筑毛坯交房或面层需二次设计时，构造做法遗漏隔声砂浆等降噪措施。

原因分析：

未考虑到绿色建筑的隔声要求。

应对措施：

在图纸设计中，根据规范要求增加对隔声要求的备注。

问题【3.1.7】

问题描述：

住宅的生活阳台一般面积较小，但要安排的各类设备和管道却比较多，在设计中较为容易忽略的就是燃气表的安装位置预留的安装空间不够（如图 3.1.7 所示）。

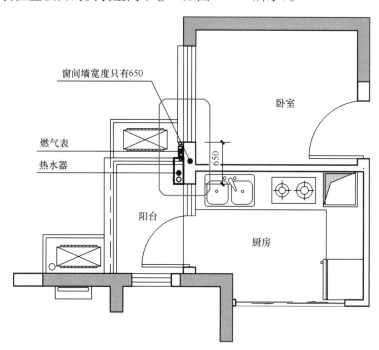

图 3.1.7　燃气表安装空间要求

原因分析：

设计人员对设备尺寸和安装要求不熟悉。

应对措施：

应与设备专业充分配合，预留设备管线、设备的安装空间。燃气热水器与燃气表水平净距应不小于 300mm。

问题【3.1.8】

问题描述：

户型设计中存在缺陷：客厅背景墙或摆放沙发一侧墙体长度过短；电视机摆放区域有明显的眩光；入户门进门正对卫生间开门；主卧套内卫生间正对床头；卫生间淋浴头设置在窗户一侧，导致无法安装；卫生间洗手盆设置在窗户一侧，导致无法安装镜子；入户区域未考虑门厅或鞋柜位置；

厨房操作台洗、切、烧布置顺序不对；厨房抽烟机安装在窗户一侧；卧室内空调出风位置正对床头等。

原因分析：

缺乏对户型设计的细节考虑。住户入住后体验感不佳。

应对措施：

户型设计中，客厅墙面需要考虑家具摆放长度的要求并防止眩光；卫生间开门位置宜调整避开入户门正对的视线区域；主卧套内的卫生间不宜正对床头，可通过衣帽间或开门位置调整避开床头；卫生间内开窗需要考虑淋浴墙位置，并考虑洗手盆安装镜子的区域墙面；入户区域宜考虑鞋柜摆放的位置；厨房操作台按洗、切、烧的流程设置，灶台抽油烟机避开窗户位置，冰箱避开灶台位置等。卧室室内空调机出风口宜避免正对床头。

问题【3.1.9】

问题描述：

住宅或公寓的户门按 1.0m 门洞宽度进行设计，部分户门开向前室，门扇开启后净宽不足 0.9m，不满足防火规范要求。

原因分析：

仅执行了《住宅设计规范》GB 50096—2011 表 5.8.7 中最小尺寸，未考虑开向前室的门为安全出口。安全出口净宽不应小于 0.9m。

应对措施：

综合考虑，对户门的选择参照防火门。门洞尺寸按 1.05m＝0.9m（净宽）＋0.15m 进行预留，确保户门安装后门洞净宽不小于 0.9m。

问题【3.1.10】

问题描述：

见图 3.1.10-1，住宅内墙 100mm 厚，梁 200mm 厚，内墙卧室侧与卧室侧梁平齐，卫生间大降板时，梁头会露在卫生间地面上。

原因分析：

当内墙采用 100mm 厚时，墙体包不住梁，有一侧的房间会露梁，一般做法为卧室一侧梁与墙平齐，故在卫生间一侧露梁。由于建筑设计师没有基本的结构概念，缺乏专业之间的协调和配合经验，卫生间做大降板时，就出现在卫生间地面一侧露梁的情况。

应对措施：

梁顶在卫生间一侧做 100mm 宽、50mm 高企口处理，如图 3.1.10-2。

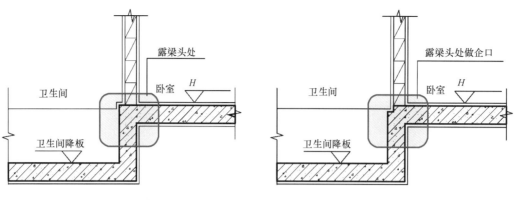

图 3.1.10-1 案例示意　　　　　　　　图 3.1.10-2 案例示意

问题【3.1.11】

问题描述：

在住宅建筑内墙为 100mm 厚、结构梁为 200mm 厚时，经常会出现客厅、主卧等主要房间露出结构梁的情况，造成室内空间效果不佳的问题。

原因分析：

居住建筑为增加室内使用空间，内隔墙通常设计为 100mm 厚，但结构梁一般设计为 200mm 厚，墙贴平梁一侧时，另一侧房间就会露出结构梁。建筑设计师如果不关注结构梁位置的定位，就会出现结构梁贴平次要房间的墙边而主要房间却露梁的情况。

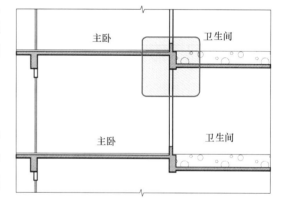

应对措施：

对房间功能的重要性（对美观要求度高低）进行排序，如：客厅/餐厅＞主卧＞次卧/书房＞过道＞厨房/卫生间。梁贴平重要性较高的房间，允许另一侧房间露出结构梁（如图 3.1.11 所示）。

图 3.1.11 梁贴平主要房间墙面

问题【3.1.12】

问题描述：

住宅厨房的炉具布置紧邻冰箱，使用不合理，存在安全隐患。

原因分析：

1）不安全：冰箱表皮和门缝固定处的材质有些是塑料、胶体等不耐高温的材质，与炉具过近会有安全隐患。

2）不利于清洁：在煮食过程中炉具产生的沸油和沸水容易溅到冰箱上，从而形成污垢，不利于冰箱的清洁打理。

3）能耗大、冰箱寿命损失：炉具在炒菜过程中会产生大量的热气，当紧邻冰箱时，炉具使用过程产生的高温会导致冰箱耗能加大，不利于冰箱的散热和节能；同时因温控失效导致不停地启动压缩机运转，也会影响冰箱的使用寿命。

应对措施：

住宅厨房的炉具布置与冰箱间距 300mm 以上。

问题【3.1.13】

问题描述：

立面设计时容易注重立面效果，忽略空调机位功能需求：
1）装饰线脚遮挡空调位出风口造成室外机无法安装、室外机无法散热、死机等问题；
2）空调机位内设水立管，导致放置室外机困难。（如图 3.1.13 所示）

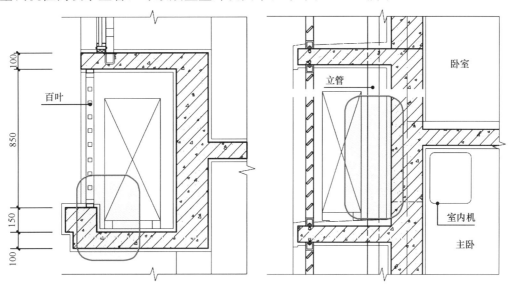

图 3.1.13　案例示意

原因分析：

设计经验不足，方案设计初期重外立面效果美观，忽略了实际功能需求；后期施工图阶段未统筹考虑使用需求而造成了设计失误。

应对措施：

1）高度受限时，控制装饰线条或反坎高度，满足开口尺寸，同时注意解决空调位排水。
2）条件允许时，将空调室外机位板底抬高至与反坎处于同一高度，并满足开口尺寸。
3）空调位内有竖向排水管时，需要在进深或面宽上依水管所需大小增加相应尺寸。

问题【3.1.14】

问题描述：

1）户型设计中，空调室外机安装及维护困难。

2）户型设计中，客厅、餐厅外侧设置大阳台且只在阳台一侧设空调机位时，空调室内柜机连室外主机的冷媒管、冷凝水管需跨过两个开间到达室外的空调机位，导致连外机的冷媒管很长且不易隐蔽（如图 3.1.14 所示）。

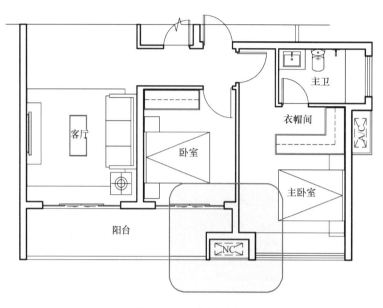

图 3.1.14 案例示意

原因分析：

1）前期设计时对空调室外机的安装、后期维护考虑不足。

2）设计人在设计户型前期，将客厅和次卧的阳台拉通，在阳台的某一端布置一个通高的空调室外机位（可放两个空调）。

应对措施：

1）设置户式多联机减少室外机的数量，统一设置设备平台。

2）双阳台应在两端分别设置空调机位，尽量缩短室外空调管。

3）设计既要注重外立面效果美观，又要考虑安装的便利性。

4）加强设计细节的把控，尽量考虑空调机的安装便利问题。

问题【3.1.15】

问题描述：

高层住宅设计中，裙房设有餐饮且设置了公共排烟道，公共排烟道会发热，对住户产生不利影响。

原因分析：

设计中忽略了公共排烟道的实际使用情况。

应对措施：

1）避免公共烟道与卧室等主要功能用房共墙。

2）采用隔热材料及对烟道进行隔热处理。

问题【3. 1. 16】

问题描述：

住宅边户户型主卧西侧小窗是否有必要？因为西侧小窗不仅会造成西晒，提高遮阳难度，还会使户内装修不完整（如图 3.1.16 所示）。

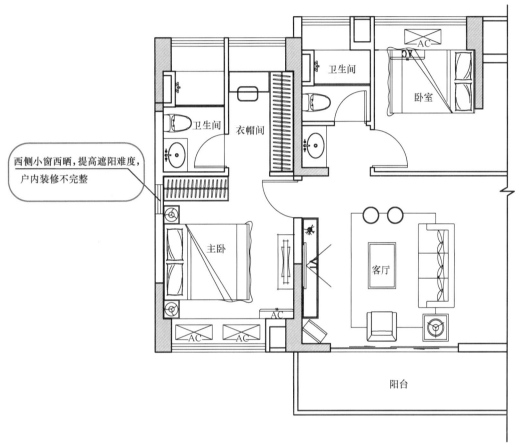

图 3.1.16　案例示意

原因分析：

方案设计重视立面，对平面功能考虑不充分，未考虑对使用功能的影响。

应对措施：

结合具体情况，户型设计充分考虑功能和需求，再确定是否取消该窗户。

问题【3. 1. 17】

问题描述：

住宅设计中需要注意地域差异。南方气候温暖，洗衣机多设置在阳台位置，但北方寒冷地区，洗衣机需设在室内或封闭阳台中。在将洗衣机位设置于卫生间内的情况下，将加大对卫生间的尺寸要求，甚至可能因此而修改户型并影响建筑间距，进而导致方案整体调整。

应对措施：

在设计前期多沟通，了解项目所在地域的生活习惯及具体设计需求，预留充分条件。

问题【3.1.18】

问题描述：

住宅户型及立面设计时，未预先考虑厨房排烟道（风帽）出屋面位置及统一进行立面设计，导致施工图阶段根据需要布置风帽及出屋面排烟道时，影响立面效果。

原因分析：

立面设计时忽略了排烟道的出屋面要求。

应对措施：

方案初期结合立面造型统一考虑，避免后期对立面效果产生影响（如图3.1.18所示）。

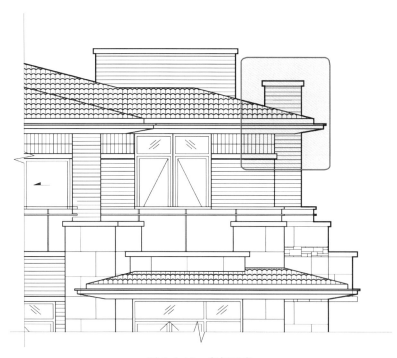

图 3.1.18 案例示意

问题【3.1.19】

问题描述：

阳台门窗受阳台栏杆、装饰柱、柱基础等阻挡而无法开启，影响使用或造成开启面积不满足规范要求。

原因分析：

一般生活阳台较小，但是布置的使用功能及管道较多，各部件容易"打架"。

应对措施：

1）在设计时充分考虑后期使用需求，如通常需在生活阳台设置燃气表、燃气立管、排水立管，放置洗衣机等，在设计初期统一预留基本位置；线脚设计时，避免影响门窗开启。

2）施工图阶段充分协调各专业配合工作。

问题【3.1.20】

问题描述：

出地面风井、消火栓影响住户使用或影响商业立面（如图 3.1.20 所示）。

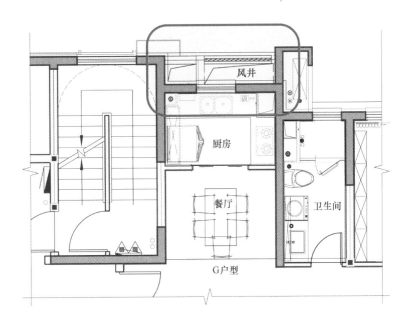

图 3.1.20 案例示意

原因分析：

因设备专业介入较晚，反提条件时，方案已经基本完成，导致风井出地面位置凌乱、随意，对立面效果影响较大，甚至影响住户使用。

应对措施：

1）初步设计阶段各专业介入，充分协同设计。

2）方案初期预留风井位置及后期增加风井时调整方案。

问题【3.1.21】

问题描述：

地下室出地面的汽车坡道对着住户居室，晚间行车时灯光对住户有影响。

原因分析：

因用地限制或设计时只考虑了汽车出入的便利性，未考虑对住户的影响。

应对措施：

设计时首先尽量避免，确有困难时，在地面采用景观或构筑物遮挡，将对住户的影响降至最低。

问题【3.1.22】

问题描述：

地下室行车道上因为划分防火分区设置多个防火卷帘（如图 3.1.22 所示）。

原因分析：

设计经验不足，虽然能满足规范，但是会造成体验感不佳、成本增加及使用不便。

应对措施：

划分防火分区时，在可行情况下，尽量少穿行车道，以减少防火卷帘的设置，更利于设备管线布置，提高通车道净高，降低成本及提高使用的舒适度。

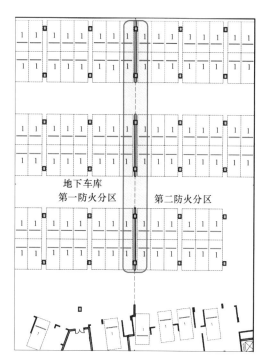

图 3.1.22　案例示意

问题【3.1.23】

问题描述：

在做立面设计时，忽略部分户型存在东西朝向的外窗，未采取遮阳措施。

原因分析：

部分户型偏东西朝向的外窗，节能设计需采取遮阳措施。这在立面设计时往往容易被忽略，未统筹考虑。

应对措施：

常见的立面遮阳措施：
1）外遮阳百叶（如图 3.1.23-1、图 3.1.23-2 所示）
影响：①对立面影响较小。②造价成本较低。

3

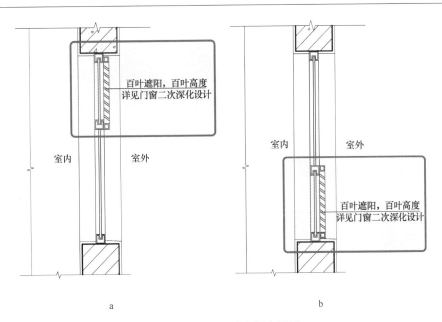

图 3.1.23-1　百叶遮阳大样图

图 3.1.23-2　案例示意

2）混凝土挑板（图 3.1.23-3）

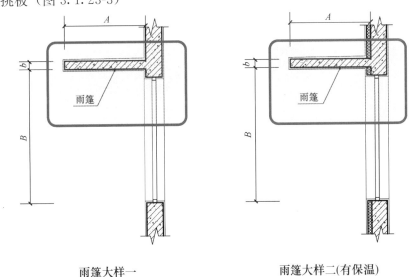

雨篷大样一　　　　　　　　　　**雨篷大样二(有保温)**

图 3.1.23-3　雨篷设计大样

影响：对立面影响较大，同时存在同户型立面做法不一致的情况。

3）穿孔铝板（图 3.1.23-4）

3

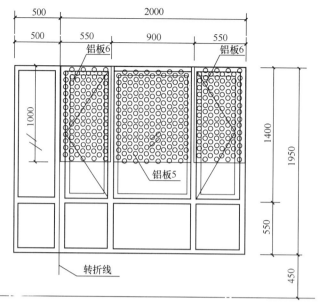

图 3.1.23-4　案例示意

影响：可结合外立面设计，有较好的观感，但容易污染外窗，应注重防腐处理及预留清理积灰条件；造价较高。

问题【3.1.24】

问题描述：

住宅单元的生活垃圾箱设置在单元入口，影响安全卫生（如图 3.1.24 所示）。

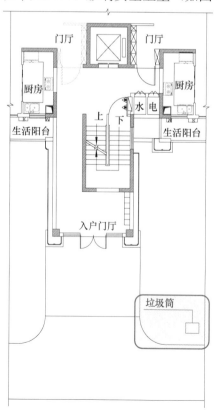

图 3.1.24　案例示意

原因分析：

对细节重视不够，未考虑垃圾对人的影响。

应对措施：

垃圾收集点应布置在隐蔽且便于垃圾收集车辆停靠的位置；在道路旁时，建议采用绿化遮挡。垃圾收集点附近应设置给排水点，方便冲洗。

问题【3.1.25】

问题描述：

小区入口门楼处，未预先考虑排水方式，后期施工深化时采用明管，影响立面效果。

原因分析：

仅注重方案表达，未考虑清楚实际落地性。

应对措施：

深化设计需考虑汇水区域、排水方式及雨水立管位置，尽量做到隐蔽，考虑没管因素。

问题【3.1.26】

问题描述：

50m 以下的公建和 100m 以下的住宅设计，前室考虑采用自然通风方式，但独立前室、消防电梯前室、共用前室、合用前室开窗面积未满足净面积要求。

原因分析：

《建筑防烟排烟系统技术标准》GB 51251—2017 第 3.2.2 条：前室采用自然通风方式时，独立前室、消防电梯前室可开启外窗或开口的面积不应小于 2.0m²，共用前室、合用前室不应小于 3.0m²。设计时，仅考虑可自然通风采光，忽略其可开启面积大小，尤其在共用、合用前室处。

应对措施：

留意并预留足够的可开启面积，并按一定的比例预留面积折算空间；无法满足规范要求时，可考虑将落地窗进行上下分割，上下均做可开启扇，内设防护栏杆。

问题【3.1.27】

问题描述：

一些地区如深圳住宅项目飘窗现在普遍为工业化预制 PC 构件，开窗设计忽略其工艺做法，导致立面线条不齐等（如图 3.1.27 所示）。

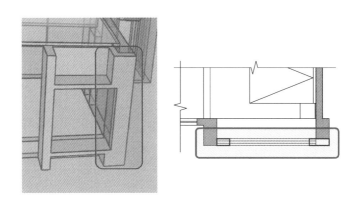

图 3.1.27 案例示意

原因分析：

对工业化 PC 构件及其安装理解较模糊，平面设计时仅考虑室内感受，将飘窗玻璃面进行最大化设计（除去结构面满窗），造成立面竖向饰面不齐。

应对措施：

充分了解 PC 构件的工艺要求，飘窗开窗时，结合立面两侧均预留一定的实墙面（一般约为150mm）。

问题【3.1.28】

问题描述：

厨房外墙满窗开启，致使燃气管道无法接入（如图 3.1.28 所示）。

原因分析：

厨房外墙立面开窗设计时，为满足其窗地比及通风面积要求，常满墙面设窗并开启，忽略燃气管道走管需求。

图 3.1.28 案例示意

应对措施：

厨房外墙开窗时靠灶台一侧需预留约 200mm 的墙垛，便于燃气走管。

问题【3.1.29】

问题描述：

住宅户型中的暗厅部分无自然通风开口（如图 3.1.29 所示）。

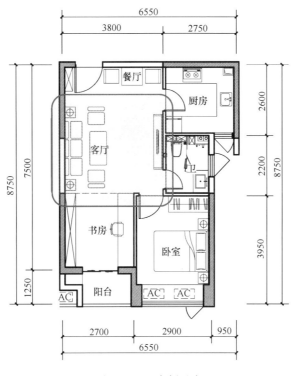

图 3.1.29　案例示意

原因分析：

《住宅设计规范》GB 50096—2011 第 7.2.3 条："每套住宅的自然通风开口面积不应小于地面面积的 5%。"

方案设计时，容易忽略该条文，类似于上图中出现暗厅的户型，往往不能满足通风量的要求。

应对措施：

户型设计时，应避免暗厅、暗卧等情况，若场地确实紧张无法增加面宽，也应留足门洞尺寸，满足采光通风的要求。

问题【3.1.30】

问题描述：

结合国情及习俗，许多家庭在春节期间会有贴对联的习惯，设计常常忽略预留贴对联的空间，导致很多家庭在门上贴，门框上贴，在侧墙上贴，视觉效果不美观。

原因分析：

追求实用率导致入户门两侧预留空间不足。

应对措施：

优化户型组合方式及公共走道的设计，开门两侧预留 250～300mm。

问题【3.1.31】

问题描述：

门厅空间组织设计问题：门厅柜体尺寸预留不足，开门空间未考虑门框及墙垛，开门方向未考虑实际使用的方便。

原因分析：

生活经验不足。

门厅空间一方面涉及与公共走道的连接关系，一方面涉及较多实际使用上的考虑，通常很难一步设计到位，后续与室内设计相结合的过程反复调整。

应对措施：

1）门厅的功能与鞋的尺寸及鞋柜深度：46码鞋长280mm，鞋柜深度设计350mm可满足平放鞋的基本功能。

2）几种常见的门厅形式如图3.1.31所示。

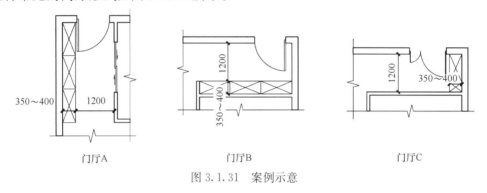

图 3.1.31　案例示意

问题【3.1.32】

问题描述：

厨房空间布置经常发生的问题：

1）在户型整体设计的过程中，厨房开门位置影响厨房的使用效率，厨房开窗的位置影响厨房整体流线的布局。

2）厨房整体操作流线未遵循"拿、洗、切、炒、出"顺位排序的原则，导致流线混乱。

3）灶台对着窗户布置。

原因分析：

1）生活经验不足。

2）对于厨房实际使用的尺度及人体工学缺乏了解。

应对措施：

行为研究——人体工学尺度：

1）单门冰箱开门取物最小宽度：700mm；对开门冰箱开门取物最小宽度：1000mm；

2）单人洗涤操作空间最小宽度：600mm；标准操作空间宽度：大于等于900mm；

3）单人切菜区操作空间最小宽度：500mm；

4）单灶头炒菜区操作空间最小宽度：600mm；双灶头炒菜区操作空间宽度：800～900mm。

橱柜布置时，整体操作流线遵循"拿、洗、切、炒、出"顺位排序的原则，使工作流线便捷、顺畅不迂回。

问题【3.1.33】

问题描述：

住宅底层通常会设置商业并考虑餐饮等业态，燃气管道的接入方式通常会在设计初期被忽略，后期燃气管道的设置对立面影响很大（如图3.1.33所示）。

原因分析：

设计前期将空调和燃气管道设置在同一空腔中，实际实施中，燃气管道不允许与空调室外机合并设置，最终导致管线直接外挂在外立面。

应对措施：

设计与业主沟通好燃气接入的商铺位置，并与燃气公司沟通燃气接入的走管方式及路线。如需装燃气，考虑不同的方案及应对措施。如果必须装在商铺

图 3.1.33　案例示意

外立面及人行界面，需统筹考虑燃气空间、空调百叶、雨篷广告位等，预留 400mm×400mm 空间给燃气装桥架及走管，外立面用百叶进行遮蔽，并方便检修。

问题【3.1.34】

问题描述：

居住建筑地库设计中，从停车区往地下层入户大堂门口无专属停靠区或专用通道，甚至需要从停车位之间穿行，日常使用如搬运家具或使用老人代步椅、幼儿推车时非常不方便，使用感受不佳。

原因分析：

1）地库设计中，为了停车效率，在地下层入户大堂门口布置了车位。

2）地下车库对人行路线的考虑不足。

应对措施：

在设计过程中应充分考虑疏散要求及日常使用的舒适度和便利性，预留专属停靠区。疏散门口设专用通道，或在此区域设置无障碍停车位，充分利用无障碍轮椅通道区域形成落客区，既可提高人行的舒适性，又利于安全疏散（如图3.1.34所示）。

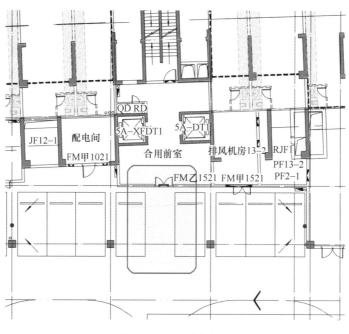

图 3.1.34　案例示意

问题【3.1.35】

问题描述:

消火栓放置在户门后或两侧,造成住户投诉,容易引起纷争。消火栓箱在楼梯间墙上半嵌入式安装,导致消防前室净宽不够(如图 3.1.35 所示)。

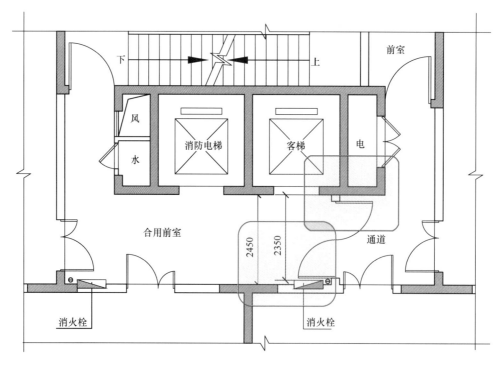

图 3.1.35　案例示意

原因分析：

设计时未能考虑住户的正常使用要求。未考虑消火栓箱的位置及安装尺寸，前室尺寸预留不够。

应对措施：

消火栓尽量不放置在户门后或两侧，消火栓箱不对电梯门、户门，避开主要视线；考虑消火栓箱安装方式并预留尺寸。

问题【3.1.36】

问题描述：

外窗未预留墙垛导致雨水立管与外窗交叉。外窗开启处有雨水立管，影响外窗开启（如图 3.1.36 所示）。

3

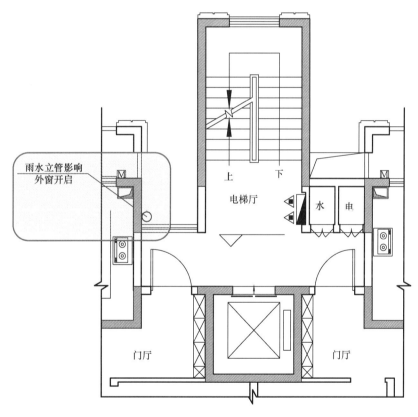

图 3.1.36　案例示意

原因分析：

设计时建筑未复核雨水立管位并加以改进，水专业未考虑建筑外窗的开启。

应对措施：

1）建筑施工图设计过程中，专业之间要加强协调。
2）建筑设计时一定要仔细复核雨水立管的位置，采取对雨水立管移位或外窗预留墙垛的方式解决。

问题【3.1.37】

问题描述：

住宅入户走道装修完成面宽度达不到 1200mm，无法满足验收要求（如图 3.1.37 所示）。

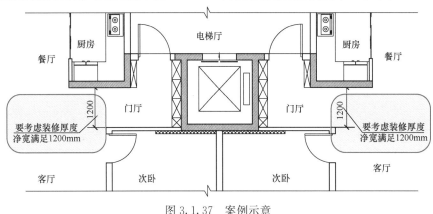

图 3.1.37 案例示意

原因分析：

建筑平面中进户走道宽度 1250mm，未考虑抹灰及贴砖厚度，导致精装完成面走道宽度不足 1200mm。

应对措施：

设计时，先确定装修标准，按标准预留足够尺寸，以满足走道宽度要求。

问题【3.1.38】

问题描述：

各类花池未设计排水，积水后易造成渗漏，污染外墙及下层（如图 3.1.38 所示）。

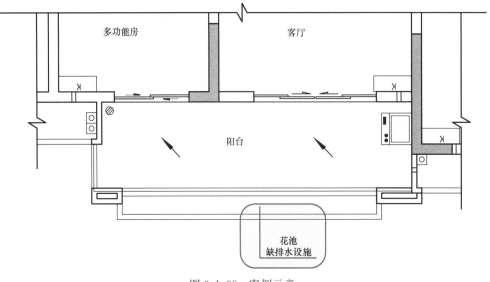

图 3.1.38 案例示意

原因分析：

花池内未设地漏，施工图构造做法表中缺少花池防水做法。

应对措施：

1）应与给排水专业配合，花池要考虑有组织排水，避免污染外墙及下层。
2）花池构造做法应满足排水、防水、防潮要求。

问题【3.1.39】

问题描述：

住宅底层商业屋面高度和女儿墙造型，影响住户室内采光及视线，造成住户投诉（如图 3.1.39 所示）。

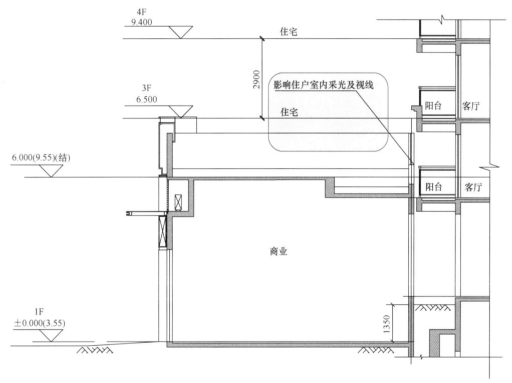

图 3.1.39　案例示意

原因分析：

此类问题在底层为商业网点的住宅建筑中，商业裙房屋面女儿墙的部位较为常见，设计中重视商铺立面比例关系，忽略商业裙房女儿墙对于住宅视线的遮挡。

应对措施：

方案设计时应充分考虑对低层单元采光通风的影响，规避此类设计缺陷。

问题【3.1.40】

问题描述：

空调机位挑板与墙体根部渗水，造成住户投诉（如图 3.1.40 所示）。

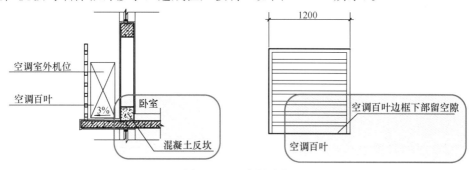

图 3.1.40 案例示意

原因分析：

空调机位挑板未做防水，挑板与砌体墙根部未做混凝土反坎，排水坡度过小，空调百叶边框阻挡积水，挑板前端设反沿未考虑排水设施。

应对措施：

空调机位挑板做防水，挑板与砌体墙根部做 200mm 高混凝土反坎，厚同墙厚，排水坡度按 3%设计，空调百叶边框下部留空隙，挑板前端设反沿，高度不大的采用 C20 细石混凝土填平再做防水找坡，高度大的设地漏，采用有组织排水。

问题【3.1.41】

问题描述：

住宅楼梯间扶手栏杆距踏步边缘过宽，导致疏散宽度不够（如图 3.1.41 所示）。

原因分析：

现场施工控制细节控制不到位，导致栏杆安装距楼梯边缘太远，占用过多疏散宽度。

应对措施：

采用一体式栏杆，利用楼梯井空间安装栏杆，满足疏散宽度要求。

图 3.1.41 案例示意

问题【3.1.42】

问题描述：

厨房燃气管线影响厨房窗扇开启（如图 3.1.42 所示）。

图 3.1.42　案例示意

3

原因分析：

施工图设计时，未能考虑燃气专业的安装条件，设计过程中厨房窗两侧墙垛预留位置较小，煤气表及管线安装后，存在挡窗影响开启问题，设计时厨房窗两侧没有预留足够的燃气专业安装尺寸。

应对措施：

施工图设计时，厨房窗两侧应预留足够尺寸，以满足燃气专业的安装条件。

3.2　办公建筑

问题【3.2.1】

问题描述：

在办公建筑设计中，电梯数量标准常依据建筑面积计算，如 5000m²/台，但在实际应用中，办公楼电梯往往存在短时间内大人流聚集效应，在上下班时点存在等候时间过长的现象。

原因分析：

部分标准偏低，不可一味套用。

应对措施：

合理分区，电梯数量根据电梯运力等综合计算确定，满足高峰期 30min 运送 90% 人员的要求，并为未来发展预留空间。

《办公建筑设计标准》JGJ/T 67—2019 第 4.1.5 条文说明：我国经济发展很快，对办公建筑要求也越来越高，以单位建筑面积设一台电梯的做法不够科学和合理，因此乘客电梯的数量、额定载重量和额定速度应通过设计和计算确定。具体来说，应根据建筑规模、使用特点、楼层数、每层面积、人数、电梯主要技术参数等因素综合考虑，确定电梯数量与位置，电梯配置数量应满足上下班高峰时段在 30min 内运送总人数 90% 以上的要求。

3

问题【3.2.2】

问题描述：

办公建筑设计中，办公大堂和商业之间通过玻璃门连通，办公同一楼层商业使用了办公核心筒疏散楼梯，商业疏散楼梯进入办公大堂扩大前室疏散，这些都是违反商业建筑设计规范和办公建筑设计规范要求的。

原因分析：

《商店建筑设计规范》JGJ 48—2014 第 5.1.4 条规定，除为综合建筑配套服务且建筑面积小于 1000m² 的商店外，综合性建筑的商店部分应采用耐火极限不低于 2.00h 的隔墙和耐火极限不低于 1.50h 的不燃烧体楼板与建筑的其他部分隔开；商店部分的安全出口必须与建筑其他部分隔开。

《办公建筑设计标准》JGJ/T 67—2019 第 5.0.2 条规定：办公综合楼内办公部分的安全出口不应与同一楼层内对外营业的商场、营业厅、娱乐、餐饮等人员密集场所的安全出口共用。

应对措施：

办公大堂和商业之间应通过防火墙分开，防火墙上开防火门连通，而不能使用防火卷帘或防火玻璃作为商业和办公之间的防火分隔。与办公同一楼层的商业不能使用办公核心筒疏散楼梯。首层商业疏散楼梯应和办公疏散楼梯、疏散通道分开，不能进入办公大堂扩大前室疏散。

问题【3.2.3】

问题描述：

超高层客用、货用电梯不宜单井道设置，易产生活塞效应。

原因分析：

电梯在单个井道中运行，类似于活塞在汽缸中运动。活塞效应会影响乘坐舒适感，增大轿厢中的噪声，会导致乘客耳朵感觉不适。

应对措施：

在满足规范的前提下，超高层建筑中客用、货用电梯尽量避免单井道设计，采用多电梯井道互通设计；不可避免使用单井道的电梯如消防电梯，需与电梯厂家配合，采取泄压措施如设置泄压孔等。

3.3　公共建筑

问题【3.3.1】

问题描述：

小学立面设计未考虑教室窗间墙宽度问题，导致施工图介入后立面调整（如图 3.3.1 所示）。

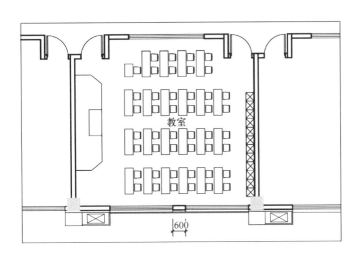

图 3.3.1　案例示意

原因分析：

设计人员不了解中小学校教室窗间墙的相关要求。《中小学建筑设计规范》GB 50099—2011 第 5.1.8 条规定："各教室前端侧窗窗端墙的长度不应小于 1.00m。窗间墙宽度不应大于 1.20m。"其条文说明为：前端侧窗窗端墙长度达到 1.00m 时可避免黑板眩光。过宽的窗间墙会形成从相邻窗进入的光线都无法照射的暗角。暗角处的课桌面亮度过低，学生视读困难。

应对措施：

按规范执行。

问题【3.3.2】

问题描述：

1）商铺立面玻璃分隔有大有小，影响立面。
2）施工图阶段消火栓的设置，打破立面设计逻辑，且消火栓门与立面效果不协调。

原因分析：

设计时忽视了消火栓等设备管井对幕墙等外立面的影响。

应对措施：

设计时应统筹考虑相关设备的位置，商铺玻璃幕墙划分需考虑消火栓位置与立面的结合方式，如幕墙分割模数是否较小，是否会影响商铺展示观感。消火栓可采用玻璃隐形门加背板或彩釉玻璃的形式。

提前考虑消火栓的立面做法及选材，在整体造型设计中，将消火栓门作为设计元素，融入立面之中（如图 3.3.2 所示）。

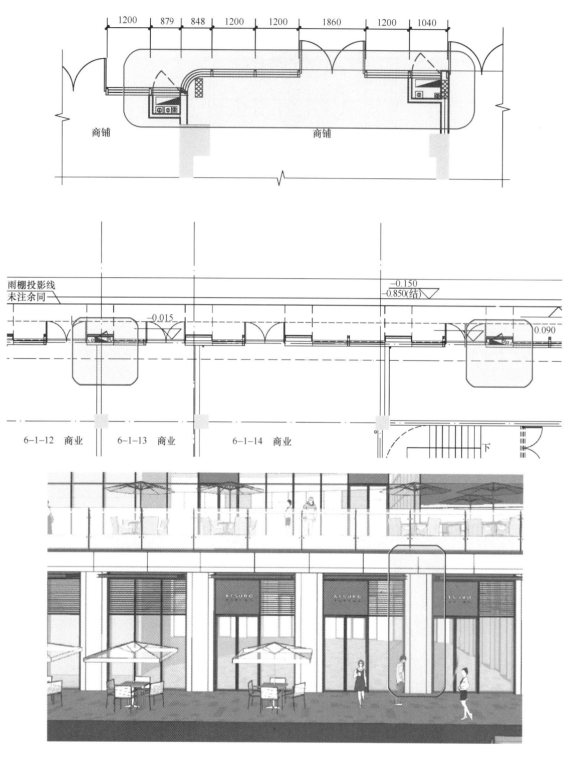

图 3.3.2　案例示意

问题【3.3.3】

问题描述：

　　底层商铺立面采用幕墙系统设计，出入口门扇紧贴内墙布置时，门扇内开门把手很容易碰撞墙体且无法 90°完全开启（如图 3.3.3 所示）。

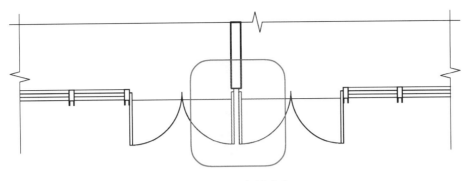

图 3.3.3　案例示意

原因分析：

设计过程中仅考虑立面形象将门靠内墙布置，但忽略门扇构造及内开的情况。

应对措施：

避免门靠内墙紧贴布置，并预留 150～200mm 的空间或者考虑将其沿门面居中设计。

问题【3.3.4】

问题描述：

空调机位空间不足，空调机无法安装；百叶间距不够，透空率不足；百叶对空调机位没有起到遮挡作用。

原因分析：

设计时仅追求立面效果，不了解空调室外机尺寸及其通风散热需求。

应对措施：

预留足够的空调机位和安装空间，百叶透空率一般要求在 80%，将百叶的进深加大，视觉上对空调的遮挡效果更好（如图 3.3.4 所示）。

图 3.3.4　案例示意

问题【3.3.5】

问题描述：

立面上出现材料交接缺口或者不同材料硬撞的问题。

原因分析：

设计时对施工效果过于理想化，设计不足或者施工误差都会导致交接问题。

应对措施：

不同的材料应在阴角交接；不同材质的立面之间需预留一定的空间，可以用型材或者铝板等材料做收口和衔接过渡（如图 3.3.5 所示）。

图中玻璃幕墙与空调机位交界处，横竖杆件相撞，采用铝板衔接过渡。

图 3.3.5 案例示意

问题【3.3.6】

问题描述：

排烟开启扇影响外立面效果。

原因分析：

商业设计前期方案不清楚消防排烟方式，后期施工图没有按照机械通风处理，导致外立面需要增设很多开启扇，严重影响外立面效果（尤其是多层商业街）。

应对措施：

在施工图设计前期应与暖通专业明确合理的排烟方式。如采取自然排烟，需确定排烟窗位置（高度）、开启面积要求，立面设计需统一考虑（如图 3.3.6 所示）。

问题【3.3.7】

图 3.3.6 案例示意

问题描述：

消火栓外凸导致疏散宽度不符合规范要求（超高层在低层处结构墙体较厚且疏散通道和安装消火栓位置处净宽有要求，如果疏忽，易造成低层处疏散通道不满足规范要求）。

原因分析：

方案设计时忽略消火栓的设置，导致施工图深化后消火栓影响疏散宽度。

应对措施：

在方案设计时，前室或通道有消火栓外凸时，控制尺寸需注意从消火栓外边起算，保证疏散净宽度。

问题【3.3.8】

问题描述：

幕墙单位深化设计后出现造型线脚与原方案设计无法齐平（如图 3.3.8 所示）。

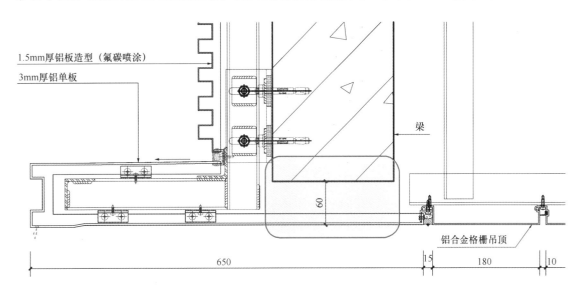

1.5mm厚铝板造型（氟碳喷涂）
3mm厚铝单板
梁
60
铝合金格栅吊顶
650   15   180   10

图 3.3.8 案例示意

原因分析：

方案设计忽略了线脚做法需要的安装空间，结构设计时应预留出足够的空间。

应对措施：

考虑安装吊顶的有线脚造型阳台，梁应该比线脚高 60mm 以上，保证吊顶能与线脚衔接上，不被梁打断。

问题【3.3.9】

问题描述：

建筑立面采用幕墙系统，在进行内部装饰时，柱子靠幕墙一侧没有足够施工空间进行装饰。

原因分析：

工程建造一般顺序是先做外装饰再进行内部装饰。设计阶段如果没有考虑内装饰施工空间，外立面做完以后，结构柱靠幕墙一侧的立面会因为空间不够导致无法施工或者影响施工质量。

应对措施：

建筑立面采用幕墙系统时，在同一防火分区内，幕墙与室内结构柱之间预留 400～600mm 的净宽，方便后续装饰工程施工（如图 3.3.9 所示）。

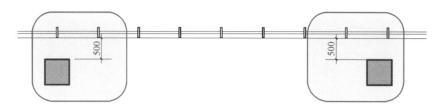

图 3.3.9　案例示意

问题【3.3.10】

问题描述：

幼儿园班级活动单元直接采光窗不能采用彩色玻璃。

原因分析：

《幼儿园建设标准》建标 175—2016 第三十条规定：直接采光窗不应采用彩色玻璃。为保证阳光照射，以利于幼儿的身体发育，保证幼儿对自然物体的真实感觉，直接采光窗不应使用彩色玻璃。

应对措施：

应重视此条规定。若外观造型需要，需留足采光窗的面积后，采用在实体墙上涂刷彩色涂料等方式来满足外观需求。

问题【3.3.11】

问题描述：

幼儿园、中小学校门口无停车区域，接送时停车困难，亦容易造成道路拥堵。

原因分析：

用地紧张，在设计时，仅满足规范最低要求。

《托儿所、幼儿园建筑设计规范》JGJ 39—2016（2019 年版）第 3.2.7 条：托儿所、幼儿园出入口不应直接设置在城市干道一侧；其出入口应设置供车辆和人员停留的场地，且不应影响城市道路交通。

《中小学校设计规范》GB 50099—2011 第 4.1.5 条：学校周边应有良好的交通条件，有条件时宜设置临时停车场地。

应对措施：

应根据日常使用需求设计接送系统，条件允许时，建议设置在地下；条件不允许时，设置于地上。设置人行等候区和车行等候区，提高便利性、舒适度及安全性。

问题【3.3.12】

问题描述：

方案阶段，走廊和公共部位通道的宽度从结构面计算，施工图深化后发现净宽不满足规范要求。

原因分析：

1）设计人对规范中"净宽"概念理解较模糊，净宽系指墙面装饰面至扶手中心之间的水平距离，计算净高时忽略应有建筑面层厚度，且未考虑施工时可能存在的误差。

2）后期施工图设计阶段，深化调整没有做到位。

应对措施：

1）施工图设计前，应进行方案的深化设计及初步设计，以确定技术原则和主要的设计深化调整，设计人除进行专业之间的协调配合外，还应掌握必要的材料和构造知识。

2）尺寸标注从结构面起算应考虑建筑面层厚度及施工误差，如：采用涂料时，走廊和公共部位通道要求完成面净宽度不小于 1200mm。建议根据墙面采用的装饰材料将土建尺寸做到 1300mm，预留两侧面层厚度各 50mm。

问题【3.3.13】

问题描述：

自动扶梯侧面与结构主体预留距离不足，造成自动扶梯本身及结构主体的装修难以施工（如图 3.3.13 所示）。

原因分析：

施工图设计时考虑不周，缺乏空间构造概念，错误地认为自动扶梯由电梯公司负责，装修由内装负责，跟建筑专业没关系。

图 3.3.13 案例示意

应对措施：

依据现场情况，第一，调整自动扶梯位置，加大主体结构留口位置；第二，楼梯结构主体边梁内退。第三，装修在交叉位置需特殊处理。

问题【3.3.14】

问题描述：

中小学校教学用房的楼梯宽度未按人流股数的整数倍设置，不满足规范要求。

依据现行国家标准《民用建筑设计统一标准》GB 50352—2019 的方法，并按每股人流宽度的规定为 0.60m 计算楼梯梯段宽度，行进中人体摆幅为 0～0.15m，计算每一梯段总宽度时可增加一次摆幅，但不得将每一股人流都增计摆幅。

应对措施：

依据《中小学校设计规范》GB 50099—2011 第 8.7.2 条：中小学校教学用房的楼梯梯段宽度应为人流股数的整数倍。梯段宽度不应小于 1.20m，并应按 0.60m 的整数倍增加梯段宽度。每个梯段可增加不超过 0.15m 的摆幅宽度。

多个学校发生的踩踏事故说明，当梯段宽度不是人流宽度的整数倍时很不安全。如楼梯梯段宽度为 1.50m（2.5 股人流），课后急拥下楼时，会挤入 3 人，必然有人侧身下行，极易跌倒。

教学用房的楼梯梯段宽度为（单位/m）：$W = 0.6n + (0～0.15)$

其中：W——梯段净宽度，扶手中线至墙面或扶手之间的距离；

n——人流股数且 $n \geq 2$（如图 3.3.14 所示）。

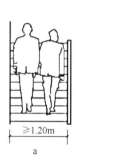 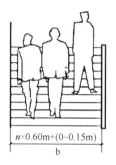

图 3.3.14 中小学楼梯宽度

（图片参考自《中小学建筑设计规范》GB 50099—2011）

问题【3.3.15】

问题描述：

《中小学校设计规范》GB 50099—2011 第 8.2.2 条：中小学校建筑的疏散通道宽度最少应为 2 股人流，并应按 0.60m 的整数倍增加疏散通道宽度。在实际设计时，多出倍数是否可以？如 4 股人流，按整数倍为 2.4m，按 2.6m 设计走道宽度是否可以？

原因分析：

对规范的理解、掌握、运用不够全面。

应对措施：

应按《中小学校设计规范》GB 50099—2011 要求的 0.60m 的整数倍增加疏散通道宽度，并可增加不超过 0.15m 的摆幅宽度。此例走道宽度应为 2.4～2.55m，不能是 2.6m。

问题【3.3.16】

问题描述：

医院住院楼顶层层高按照标准层层高，导致净高比标准层低。

原因分析：

相比标准层，住院楼顶层吊顶内一般还需要布置雨水悬吊管、消火栓环管、给水干管和热水干管等，导致净高比标准层低。

应对措施：

当住院楼标准层高控制较为紧张时，顶层层高需比标准层增加 0.2～0.5m（视建筑层数定）。

3

第4章 消 防 设 计

4.1 总平面布局

问题【4.1.1】

问题描述：

建筑高度理解错误，从室内标高±0.000计算到楼板结构层。

原因分析：

建筑高度计算概念不够清晰，不同部门认定方式不同，消防部门、规划部门各自给出了不同的评判标准。

应对措施：

消防上建筑高度的计算，平屋面时应为建筑室外设计地面至屋面面层；规划上建筑高度的计算，由建筑室外最低点算至屋面面层或女儿墙。

问题【4.1.2】

问题描述：

一栋建筑高度不超过50m的高层建筑，地下一层设有食堂、活动室、教室等功能用房，地上为宿舍楼。原防火设计建筑类别为二类高层民用建筑，导致各专业设计不满足《建筑设计防火规范》GB 50016—2014（2018年版）的要求。

原因分析：

设计人对《建筑设计防火规范》GB 50016—2014（2018年版）不熟悉，忽略了一类高层民用建筑也包括其他多种功能组合的建筑。

应对措施：

建筑高度大于24m且不超过50m，但有多种功能组合的高层公共建筑仍然为一类高层民用建筑。

问题【4.1.3】

问题描述：

某项目总图中，高大树木、无障碍设施凸入消防车登高操作场地内，妨碍消防车救援操作，不满足规范要求。

原因分析：

设计人员对消防队员如何展开灭火救援作业不清楚，忽略了树木、架空管线在净空上对灭火救援的影响。

《建筑设计防火规范》GB 50016—2014（2018 年版）第 7.2.2.1 条：消防车登高操作场地与厂房、仓库、民用建筑之间不应设置妨碍消防车操作的树木、架空管线等障碍物和车库出入口。

《建筑设计防火规范》GB 50016—2014（2018 年版）第 7.1.8.3 条：消防车道与建筑之间不应设置妨碍消防车操作的树木、架空管线等障碍物。

应对措施：

总图中应绘制出地面的所有建筑物、构筑物以及绿化布置等，按规范要求核对消防车道、消防车登高操作场地范围内以及其与建筑物之间是否有妨碍消防救援的设施，如凸出建筑物进深超过 4m 的裙房及雨篷、地下室楼梯出入口、排烟排气道地面出口、无障碍设施、消防取水口、树池、花坛、台阶、灯具、不可移动的单体园林建筑等。

问题【4.1.4】

问题描述：

某高层公寓（非山坡地或河道边临空建造的高层建筑），仅沿一个长边方向设消防车道，不满足规范要求。

原因分析：

公寓的消防应按公共建筑来设计，消防车道应设置环形消防车道或沿建筑物的两个长边设置消防车道，有利于在不同风向条件下快速调整灭火救援场地和实施灭火，并有利于众多消防车辆到场后展开救援行动和调度。

《建筑设计防火规范》GB 50016—2014（2018 年版）第 7.1.2 条：高层民用建筑……应设置环形消防车道，确有困难时，可沿建筑的两个长边设置消防车道。

应对措施：

修改为设置环形消防车道，或沿建筑物的两个长边设置消防车道。

问题【4.1.5】

问题描述：

总平面设计时消防车道和消防车登高操作场地设计于广场范围内，但未明确标出消防车道和消防车登高操作场地的范围及尺寸，易造成结构专业忽略消防车荷载要求，后期园林景观占用消防车道和消防车登高操作场地等问题。

原因分析：

设计人员在总平面设计时，对于单一材料铺装的场地和后期有景观设计的场地，未进一步表达消防车道和消防车登高操作场地的设计和做法。

应对措施：

土建施工图设计阶段必须明确和落实消防车道和消防车登高操作场地位置，尽量采用不同的铺装划出边界，也可以用交通标识线在场地上划线；结构专业需配合荷载设计满足要求，后续的景观设计也不可随意改变消防车道和消防车登高操作场地的位置。

问题【4.1.6】

问题描述：

住宅小区等大型项目的园林景观设计图，将消防车道、登高场地布置成草地、植草砖等来满足规划绿化率要求。草地、植草砖不满足消防车行驶荷载。

原因分析：

项目规划要求绿化率比较高，场地难以满足。

应对措施：

项目前期规划、方案设计就需解决场地绿化率问题，避免后期需在消防车道、消防车登高操作场地布置绿化来满足绿化率。

问题【4.1.7】

问题描述：

消防车登高操作场地超出用地红线范围，占用城市道路或绿化，涉及多个部门审批协调，无法通过，导致建筑布局需要重新调整。

原因分析：

消防车登高操作场地要求较高，如果道路上有树木灌木、垃圾桶、护栏等内容，影响消防扑救，这些内容是否能作为消防车登高操作场地需要交通、城管等其他政府部门的认可。另外，占用其他单位用地，要得到用地单位的同意。

应对措施：

1）注意当地是否有相关规定，如有的城市认可当用地面积小于 $5000m^2$ 的时候可以利用城市道路作为消防车登高操作场地，但需专项论证。

2）从前期方案设计开始建筑退红线距离不能仅考虑规划要求，还要对场地消防进行组织并留出消防车道和消防车登高操作场地的位置。

问题【4.1.8】

问题描述：

《建筑设计防火规范》GB 50016—2014（2018 年版）第 7.2.2 条规定："消防车登高操作场

地……不应设置妨碍消防车操作的车库出入口。"问题是：什么是"妨碍消防车操作的车库出入口"？直对消防车登高操作场地的车库出入口还是平行消防车登高操作场地的地下车库出入口？如何区分与把握？

原因分析：

对《建筑设计防火规范》GB 50016—2014（2018 年版）不熟悉。

应对措施：

正常情况下，在消防车登高操作场地与高层建筑之间不应设置汽车库的出入口。但也有一些地下汽车库的出入口虽然位于高层建筑外墙与消防车登高操作场地之间，但车库内汽车的进出对消防车登高操作场地的使用影响不大，消防车可以正常、安全地实施救援行动。因此，汽车库出入口的具体设置，要视建筑整体消防救援场地、消防车道设置与扑救面等而定。值得注意的是，虽然汽车车库的出入口与消防车登高操作场地不正对，但当进出汽车车库的机动车道与消防登高操作场地交叉，相互之间仍有影响时，是不允许设置汽车库出入口的。

问题【4.1.9】

问题描述：

建筑屋顶上的开口与邻近建筑及设施之间，未采取防止火灾蔓延的措施；如主楼与裙楼顶部天窗距离较近，天窗又未采用防火玻璃，一旦起火易蔓延至周边建筑，影响人员疏散（如图 4.1.9 所示）。

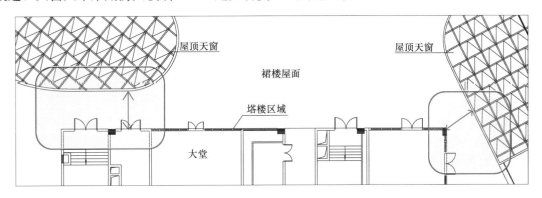

图 4.1.9　案例示意

原因分析：

裙房屋顶上人屋面绿化和休闲商业结合的案例越来越多，但容易忽略裙楼屋面开口部分与主楼或与其他裙楼屋面的安全出口之间的防火距离要求。

《建筑设计防火规范》GB 50016—2014（2018 年版）第 6.3.7 条：建筑屋顶上的开口与邻近建筑或设施之间，应采取防止火灾蔓延的措施。

应对措施：

1）将屋顶开口布置在建筑物高度较高或离主体建筑较远的位置，与主体建筑安全出口或洞口之间的距离不宜小于 6m。

2）设置防火采光顶或邻近开口一侧的建筑外墙采用防火墙、防火窗等措施。

问题【4.1.10】

问题描述：

　　商业首层对外的门的总宽度不满足安全疏散宽度要求，疏散楼梯间前端的走道宽度不满足安全疏散宽度要求（如图 4.1.10 所示）。

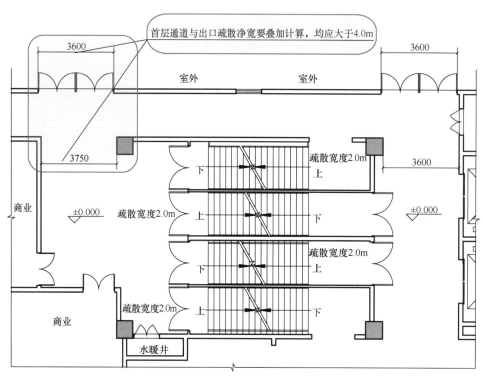

图 4.1.10　案例示意

原因分析：

　　设计人员对消防疏散的知识掌握不全面，此处的疏散宽度要按叠加计算。

应对措施：

　　设计时，首层外门净宽要按上层和平面安全疏散宽度叠加计算，疏散楼梯间前端的走道宽度按本层安全疏散宽度平面叠加计算。

问题【4.1.11】

问题描述：

　　某小区临街为底部两层商业、上部住宅的综合楼，商业部分未设可供消防救援人员进入的消防救援窗口，不满足规范要求。

原因分析：

　　与住宅合建的底部两层商业为公共建筑，应按规范设置消防救援窗口。

《建筑设计防火规范》GB 50016—2014（2018 年版）第 7.2.4 条规定：厂房、仓库、公共建筑的外墙应在每层的适当位置设置可供消防救援人员进入的窗口。

应对措施：

按规范要求设置消防救援窗口：窗口净高和净宽均不小于 1.0m，下沿距室内地面不大于 1.2m，间距不宜大于 20m 且每个防火分区不少于 2 个，设置位置应与消防车登高操作场地相对应；窗口的玻璃易于破碎，并在室外设置易于识别的明显标志。

问题【4.1.12】

问题描述：

总图停车场与建筑之间的间距，应不小于 6.0m。设计图面常常不满足《汽车库、修车库、停车场设计防火规范》GB 50067—2014 第 4.2.1 条防火间距要求（如图 4.1.12 所示）。

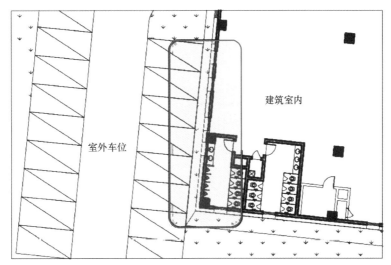

图 4.1.12　总图停车位与建筑间距过小案例

原因分析：

根据《汽车库、修车库、停车场设计防火规范》GB 50067—2014 第 4.2.1 条规定，停车场与一、二级耐火等级民用建筑之间防火间距不小于 6m。

应对措施：

调整总图设计，确保总图中停车场与建筑外墙边缘最近距离不小于 6m。

4.2　建筑防火要求

问题【4.2.1】

问题描述：

集中商业的业态分布中，往往有儿童娱乐场设置在二层或三层，该业态的消防疏散需要独立的安全出口。

原因分析：

设于集中商业三层的儿童娱乐场所需要设置独立的消防疏散楼梯，不能借用或共用其他的消防疏散楼梯，所以增加的独立疏散梯会占用一、二层的商业面积，造成一定商业面积损失。

应对措施：

依据《建筑设计防火规范》GB 50016—2014（2018 年版）第 5.4.4 条第 4、5 款，高层应设置独立的安全出口和疏散楼梯。单多层，宜设置独立的安全出口和疏散楼梯。如设置在高层，为了避免独立疏散梯占用商业面积，可设置在一层，业态要提前分配，避免二次消防设计。

问题【4.2.2】

问题描述：

对于民用建筑中观众厅、展览厅、多功能厅、餐厅、营业厅等大空间的平面疏散距离计算错误，导致疏散门或安全出口设计不合理，或空间形状设计不合理（如图 4.2.2 所示）。

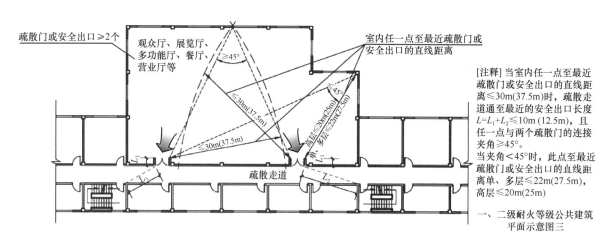

图 4.2.2　案例示意

（图片来源于《〈建筑设计防火规范〉图示》18J811—1）

原因分析：

在《建筑设计防火规范》GB 50016—2014（2018 年版）第 5.5.17 条 4 图示对民用建筑中观众厅、展览厅、多功能厅、餐厅、营业厅等人流聚集空间的平面疏散规定中，更新了对室内任一点至最近疏散门或安全出口的直线距离，有前提条件判定，即"任一点"与两个疏散门的连线夹角是否小于 45°。

应对措施：

根据《建筑设计防火规范》GB 50016—2014（2018 年版）第 5.5.17 条第 4 款图示，民用建筑中设有观众厅、展览厅、多功能厅、餐厅、营业厅等大空间时，当室内任一点至最近疏散门或安全出口的直线距离小于等于 30m（有喷淋时 37.5m），疏散走道通至最近的安全出口长度 $L = L_1 + L_2$

≤10m（有喷淋时12.5m），且任一点与两个疏散门的连线夹角大于等于45°；当夹角小于45°时，此点至最近疏散门或安全出口的直线距离，单、多层小于等于22m（有喷淋时27.5m），高层小于等于20m（有喷淋时25m）。

问题【4.2.3】

问题描述：

两层高住宅沿街商铺非一拖二，二层通过外廊连通疏散时，无法被定义为商业服务网点，住宅楼栋将被定义为住宅与其他非住宅功能组合的建筑（如图4.2.3所示）。

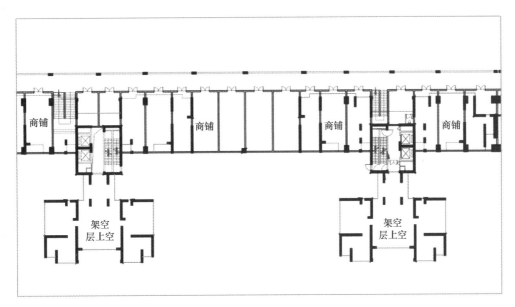

图4.2.3　案例示意

原因分析：

商业服务网点在防火规范术语中的定义为：设置在住宅首层或首层及二层，每个分隔单元建筑面积不大于300m² 的小型营业性用房。当二层以外廊连通之后，商铺变为单独设置在二层的商业功能，不符合定义。

应对措施：

更改商铺设计，或楼栋按综合楼进行设计。

问题【4.2.4】

问题描述：

公共建筑内位于走道尽端的房间仅设置一个疏散门时不满足以下几点要求：建筑面积小于50m² 且疏散门的净宽不小于0.9m，或由房间内任一点至疏散门的直线距离不大于15m，建筑面积不大于200m² 且疏散门的净宽度不小于1.4m。

原因分析：

常规设计中 0.9m 净宽（门洞 1.05m）容易把控，设计师经常容易忽略 1.4m 净宽带来的问题，尤其是正对走道开门的房间（如图 4.2.4 所示）。

应对措施：

设计时应同时满足以上所列全部条件并考虑门框厚度，合理控制走道宽度。

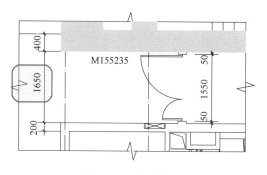

图 4.2.4　案例示意

问题【4.2.5】

问题描述：

办公建筑内疏散走道的最小净宽度不满足规范要求（如表 4.2.5 所示）。

走道最小净宽　　　　　　　　　　　　　　　　表 4.2.5

走道长度/m	走道净宽/m	
	单面布房	双面布房
≤40	1.30	1.50
>40	1.50	1.80

注：高层内筒结构的回廊式走道净宽最小值同单面布房走道。

原因分析：

通常设计中只是满足了《建筑设计防火规范》GB 50016—2014（2018 年版）和《办公建筑设计标准》JGJ/T 67—2019 对办公建筑疏散走道的净宽要求，容易忽略办公建筑设计规范中对走道长度超过 40m 的特殊要求，尤其是高层内筒结构的回廊式走道，实际计算疏散走道长度时界定为核心筒外侧周长，容易大于等于 40m（图 4.2.5）。

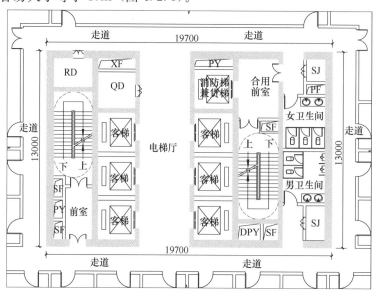

图 4.2.5　案例示意

应对措施：

设计中应了解规范界定标准，并考虑装修面层厚度和一定的施工误差，合理设计走道净宽。

问题【4.2.6】

问题描述：

疏散门开启状态影响疏散走道宽度。图 4.2.6 中后勤走道本身净宽度满足《商店建筑设计规范》JGJ 48—2014 第 4.2.10 条内部作业通道最小净宽度要求和消防疏散的宽度要求，但商业疏散门开启后导致疏散走道宽度不足。

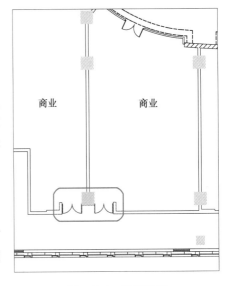

原因分析：

设计中只是满足了规范对于疏散走道的净宽要求，但对于人员密集场所及平时使用比较频繁的疏散门，在门开启的状态会影响疏散走道的正常使用。

图 4.2.6　案例示意

应对措施：

设计中可以把疏散门内凹进房间，保证开启状态不影响走道的使用。

问题【4.2.7】

问题描述：

商业设计中，疏散宽度的数据需要很大，为了效率，采用集中的剪刀梯解决疏散宽度问题，但通往疏散楼梯的走道不能满足剪刀梯宽度之和（如图 4.2.7 所示）。

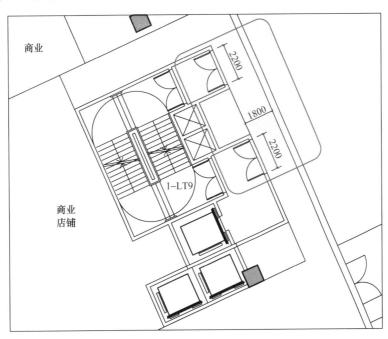

图 4.2.7　通往剪刀梯的走道疏散宽度不够案例图

原因分析：

大型商业疏散中，只是机械地关注了楼梯的宽度和规范条文，没有注意到消防规范背后的内在逻辑，忽略了通向楼梯的走道宽度。

应对措施：

关注消防规范背后的内在逻辑，关注疏散通道上的每一个环节——房间门、门洞宽度、走道宽度、楼梯宽度等。

问题【4.2.8】

问题描述：

中小学教学用房（人数不超过 60 人）未向疏散方向开门。

原因分析：

依据《建筑设计防火规范》GB 50016—2014（2018 年版）第 6.4.11 条：人数不超过 60 人的房间且每樘门的平均疏散人数不超过 30 人时，其门的开启方向不限；但《中小学校设计规范》GB 50099—2011 第 8.1.8 条规定：各教学用房的门均应向疏散方向开启，开启的门扇不得挤占走道的疏散通道。

应对措施：

教学用房指普通教室、专用教室、公共教学用房，因此，所有教学用房的门均应向疏散方向开启。成人教育类建筑没有专项的要求。

问题【4.2.9】

问题描述：

住宅两个安全出口之间的间距不满足大于 5m 的要求（如图 4.2.9 所示）。

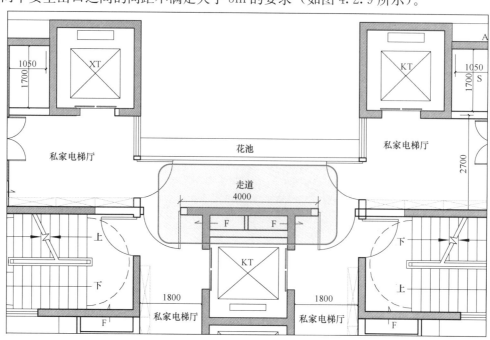

图 4.2.9　住宅两个安全出口之间距离不够的案例图

应对措施：

安全出口需从前室门或者楼梯间算起。

住宅两个安全出口间距应大于 5m 且从前室出入口起算（不需要设置前室时，可算至楼梯间口）。

问题【4.2.10】

问题描述：

某住宅项目建筑高度为 52.4m，每个单元任一层的建筑面积均小于 650m²，坡屋面，楼梯不能通至屋面，户门设普通门，每个单元仅设一部疏散楼梯，不符合规范。

原因分析：

依据《建筑设计防火规范》GB 50016—2014（2018 年版）第 5.5.26 条：建筑高度大于 27m，但不大于 54m 的住宅建筑，每个单元设置一座疏散楼梯时，疏散楼梯应通至屋面，且单元之间的疏散楼梯应能通过屋面连通，户门应采用乙级防火门。当不能通至屋面或不能通过屋面连通时，应设置 2 个安全出口。

应对措施：

户门改为乙级防火门，楼梯通至屋面，每个单元楼梯通过屋面连通，满足规范要求每个单元仅设一部疏散楼梯的条件。

问题【4.2.11】

问题描述：

某住宅建筑，底部二层商业服务网点，上部住宅（包括首层住宅楼梯间）和商业服务网点为不同防火分区，首层住宅楼梯间的门与商业服务网点间的窗分别在内转角两侧墙上，其最近边缘的水平距离 3.2m，不满足规范要求。

应对措施：

首层住宅楼梯间与商业服务网点间，一般情况是一个防火分区。当需要划分为两个防火分区时，应满足《建筑设计防火规范》GB 50016—2014（2018 年版）第 6.1.3 条和第 6.1.4 条的要求：两个相邻防火分区，紧靠防火墙两侧的门、窗、洞口之间最近边缘的水平距离不应小于 2.0m；内转角两侧墙上的门、窗、洞口之间最近边缘的水平距离不应小于 4.0m。

不同防火分区，则调整首层楼梯间与商业服务网点窗之间的距离，使其最近边缘水平距离不小于 4m，或修改商业服务网点的窗为乙级防火窗，满足防火分区间的防火要求。

问题【4.2.12】

问题描述：

某住宅项目，相邻户南向卧室之间的窗间距为 0.9m（<1.0m），上下层间客厅窗槛墙高度为

1.1m（<1.2m），不满足规范要求。

原因分析：

《建筑设计防火规范》GB 50016—2014（2018年版）第6.2.5条规定：

> 建筑外墙上、下层开口之间应设置高度不小于1.2m的实体墙或挑出宽度不小于1.0m、长度不小于开口宽度的防火挑檐；当室内设置自动喷水灭火系统时，上、下层开口之间的实体墙高度不应小于0.8m。
>
> 住宅建筑外墙上相邻户开口之间的墙体宽度不应小于1.0m；小于1.0m时，应在开口之间设置突出外墙不小于0.6m的隔板。

应对措施：

调整卧室窗位置，使窗间距不小于1.0m；提高客厅窗台高度，使窗槛墙高度不小于1.2m，满足规范要求。

问题【4.2.13】

问题描述：

某多层住宅项目，顶层为跃层式户型，其户内最远点距户门的距离为25m（室内楼梯按1.5倍投影长度计算，大于22m），不满足规范要求。

原因分析：

跃层式住宅最远点疏散距离，应满足《建筑设计防火规范》GB 50016—2014（2018年版）第5.5.29条的要求：一、二级耐火等级、未设自动喷淋系统的多层住宅，其户内任一点至直通疏散走道的户门的直线距离不应大于22m；高层住宅，不应大于20m。

应对措施：

调整户型布置，距离超出规范部分的房间位置作退台处理，使住宅最远点疏散距离满足规范要求。

问题【4.2.14】

问题描述：

地下或半地下建筑（室）的疏散楼梯直通室外的问题（如图4.2.14所示）。

应对措施：

依据《建筑设计防火规范》GB 50016—2014（2018年版）第6.4.4条及条文说明，结合《建筑设计防火规范图示》18J811-1第6.4.4条图示4，楼梯间在地下层与地上层连接处，不进行有效分隔，容易造成地下楼层的火灾蔓延到建筑的地上部分。因此，为防止烟气和火焰蔓延到建筑的上部楼层，同时避免建筑上部的疏散人员误入地下楼层，要求在首层楼梯间通向地下室、半地下室的入口处采用防火分隔构件将地上部分的疏散楼梯与地下、半地下部分的疏散楼梯分隔开，并设置明显的疏散指示标志。

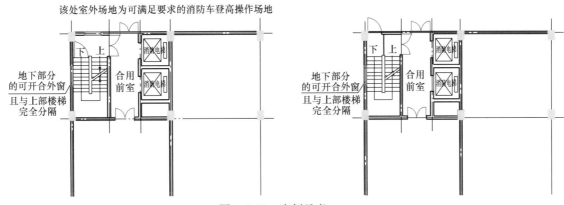

图 4.2.14　案例示意

问题【4.2.15】

问题描述：

相邻防火分区之间的疏散楼梯间，是否可以共用？如允许，应满足怎样的条件？如何量化分摊楼梯梯段的比例，如封闭楼梯间的共用、防烟楼梯间的共用？

原因分析：

因《建筑设计防火规范》GB 50016—2014（2018 年版）没有将共用楼梯间明确编入规范中，造成对规范的理解与解读不同，尤其各地消防主管部门执行的标准也不一致。

应对措施：

1）依据广东省公安厅粤公通字（2014）13 号"第一、关于大中型商业建筑"的规定：1. 当相邻防火分区分别设有不少于 2 个独立的安全出口，并符合双向疏散的要求时，设置在相邻防火分区间的其他疏散楼梯可以合用，如为防烟楼梯间时，应分别设置前室，通向前室及疏散楼梯间的门均应采用甲级防火门，该楼梯间计入各自防火分区的安全出口宽度应按楼梯间梯段的 1/2 净宽度、楼梯间门的 1/2 净宽度和各分区进入前室门的净宽度中最小者取值。

2）其他建筑当有两个相邻防火分区时，也可采用共用楼梯间。

3）三个及以上防火分区不得共用同一个疏散楼梯间。

问题【4.2.16】

问题描述：

现代大型综合性医院建筑中，门诊楼的消防疏散楼梯的宽度计算，能否按《建筑设计防火规范》GB 50016—2014（2018 年版）第 5.5.21 条第 7 款的商店计算模式进行？

原因分析：

新版《建筑设计防火规范》GB 50016—2014（2018 年版）未明确。

应对措施：

建筑物的消防疏散计算，应按防火规范有关规定计算安全疏散楼梯、走道和出口的宽度和数量。有标定人数（如固定剧场、体育馆等）的，就按标定的计算。无标定的，可按有关规范或经过调查分析，确定合理的使用人数或人员密度，并依此计算。

大型综合性医院建筑中的门诊楼消防疏散楼梯的宽度、人数计算：

计算方式一：可按本地区相同规模医院前三年日门（急）诊量统计的平均数确定。

计算方式二：依据《综合医院建设标准》建标 110—2008 第二章第十二条："综合医院的日门（急）诊量与编制床位数的比值宜为 3：1。"

问题【4.2.17】

问题描述：

幼儿园、小学、医院、老年人照料设施等特殊公共建筑对应的疏散通道及楼梯疏散宽度、出入口宽度与常用防火规范要求不同，需分别独立核实。

幼儿园走廊要求如图 4.2.17-1 所示。

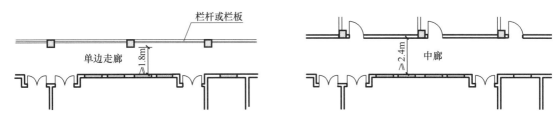

图 4.2.17-1　案例示意

（图片参考自《幼儿园建筑构造与设施》11J935）

老人居住建筑走廊要求如图 4.2.17-2 所示。

原因分析：

规范不熟悉以及出图时疏漏。

应对措施：

熟悉以上各类建筑的设计规范，总结规范要求，列出相应的对比表格，形成指导性文件（如表 4.2.17 所示）。

表 4.2.17

功能 限制宽度	托儿所/幼儿园	中小学	高层医院	老年人照料设施	消防规范 （其他高层公共建筑）
疏散通道宽度/m	1.80（单面布房） 2.40（双面布房）	1.80（内走道） 2.40（单侧走道及外廊）	1.40（单面布房） 1.50（双面布房）	1.80 （困难时 1.40）	1.30（单面布房） 1.40（双面布房）
楼梯疏散宽度/m	1.10	1.20（按层统计， 每 100 人×对 应宽度要求）	1.30	1.20	1.20
首层出入口宽度/m	1.20	1.40	1.30	1.10	1.20

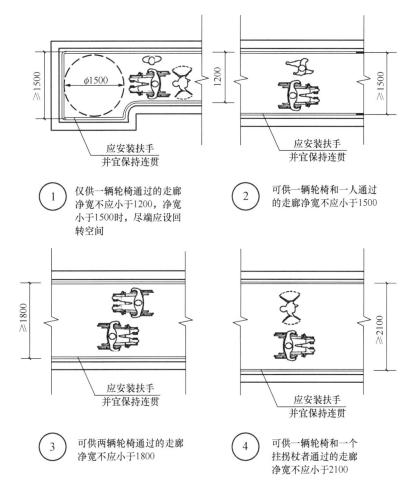

① 仅供一辆轮椅通过的走廊
净宽不应小于1200，净宽
小于1500时，尽端应设回
转空间

② 可供一辆轮椅和一人通过
的走廊净宽不应小于1500

③ 可供两辆轮椅通过的走廊
净宽不应小于1800

④ 可供一辆轮椅和一个
拄拐杖者通过的走廊
净宽不应小于2100

图 4.2.17-2　公共走廊宽度类型

(图片参考自《老年人居住建筑》15J923)

　　安全疏散门的洞口，特别是剪力墙上的洞口，需预留门套尺寸（每侧预留 100～150mm），以保证疏散门净宽度满足疏散要求。若加宽门洞受到限制，也可注明防火门沿开启方向外侧安装，保证净宽满足宽度要求。

问题【4.2.18】

问题描述：

　　一栋建筑，宿舍、办公部分可以在竖向共用楼梯间吗？高层、多层时都一样吗？

原因分析：

　　依据《建筑设计防火规范》GB 50016—2014（2018 年版），宿舍、办公都按公共建筑执行消防设计，故宿舍、办公部分可以在竖向共用楼梯间。但《宿舍建筑设计规范》JGJ 360—2016 第 5.2.2 条规定，宿舍建筑内的宿舍功能区与其他非宿舍功能部分合建时，安全出口和疏散楼梯宜各自独立设置。

应对措施：

　　依据《建筑设计防火规范》GB 50016—2014（2018 年版）规定，当专业规范有明确要求时，可按专业规范执行。实际设计时，可依据宿舍、办公组合在一起时的各功能的占比合理设计（即一般安全出口和疏散楼梯宜各自独立设置，当其中一种功能占比较小时，可以共用）。

问题【4.2.19】

问题描述：

一部剪刀楼梯，如满足 2 个疏散口之间距离大于 5.0m 时，能否用于一个防火分区内当 2 个安全出口？如果可以，疏散距离是否还必须执行最远点不超 10m？如地下车库设计，是否也可以？

原因分析：

《建筑设计防火规范》GB 50016—2014（2018 年版）没有量化。执行标准不一，造成设计者困惑。

应对措施：

一部剪刀楼梯，如满足 2 个疏散口之间距离大于 5.0m 时，可以用于一个防火分区内当 2 个安全出口，但要执行疏散距离最远点至最近的安全出口不超 10m 的条件。一些地区认同，如地下车库设计也如此。

问题【4.2.20】

问题描述：

学校建筑，配套生活服务楼共 5 层（多层），一层为厨房，二层为餐厅，三～五层为宿舍。宿舍部分的楼梯是否需要与底层的餐饮分开。

原因分析：

《宿舍建筑设计规范》JGJ 36—2016 第 5.2.2 条规定：宿舍建筑内的宿舍功能区与其他非宿舍功能部分合建时，安全出口和疏散楼梯宜各自独立设置。

应对措施：

宿舍规范是"宜"，设计时依据工程实际情况具体把握。

问题【4.2.21】

问题描述：

丙二类厂房下方是否可设地下停车库？

原因分析：

涉及《建筑设计防火规范》GB 50016—2014（2018 年版）与《汽车库、修车库、停车场设计防火规范》GB 50067—2014 的不同理解。

应对措施：

依据《建筑设计防火规范》GB 50016—2014（2018 年版）第 3.3.1 条及对应表格可知，"地下、半地下厂房，厂房的地下室、半地下室"允许小于 $500m^2$，这里指一般厂房和设备用房。而地下停车库属于一种特殊情况，应允许设地下停车库，但执行汽车库防火规范更合理，即防火分区可按 $2000m^2/4000m^2$（加喷淋）的面积要求执行。

注意：汽车库不应与甲、乙类生产厂房、仓库组合建造。

问题【4.2.22】

问题描述：

依据《建筑设计防火规范》GB 50016—2014（2018 年版）第 5.3.1 条"对于体育场馆等，防火分区可适当增加"，问：可适当增加到多少？如何把握？

原因分析：

《建筑设计防火规范》GB 50016—2014（2018 年版）中的"适当"，不知道如何量化。

应对措施：

体育馆、剧场的观众厅的防火分区，正常情况下应按照《建筑设计防火规范》GB 50016—2014（2018 年版）第 5.3.1 条表 5.3.1 及其注的规定来确定。对于少数为满足比赛和特殊演出功能需要设置更大面积的观众厅，应对其中人员疏散的安全性、灭火和火灾自动报警系统的有效性与针对性、特殊结构的防火保护措施及其能达到的耐火性能、火灾烟气控制方法与设施的有效性和相应设计的合理性、电气线路选型与敷设、建筑内装修材料的燃烧性能等预防和控制火灾的针对性措施进行充分论证。

对于布置在单、多层建筑内的体育馆、剧场的观众厅，一个防火分区的最大允许建筑面积没有最大值限制，但通常可以比照《建筑设计防火规范》GB 50016—2014（2018 年版）第 5.3.4 条第 2 款的规定，按照不大于 $10000m^2$ 考虑；对于布置在高层建筑内的剧场观众厅，一个防火分区的最大允许建筑面积，可比照《建筑设计防火规范》GB 50016—2014（2018 年版）第 5.3.4 条第 1 款的规定，按照不大于 $4000m^2$ 考虑，大型体育比赛的观众厅通常不应布置在高层建筑内。

问题【4.2.23】

问题描述：

现在大量中小学建筑的体育场馆、风雨操场、报告厅或多功能厅有放在地下或半地下的现实及趋势（如深圳市教委文件明确：不允许教学用房放在地下、半地下），在没有最新明确的规范规定时，如何把握这类内容的消防设计？

原因分析：

《中小学校设计规范》GB 50099—2011 没有更新，与实际需求有脱节。

应对措施：

已出台有明确依据的地区，可按地区标准执行。如有些地区的教育建筑允许"体育场馆、多功能厅、图书馆、社团活动室以及舞蹈、音乐、美术室等公共教学用房"设在半地下；或满足安全疏散、采光通风的下沉式庭院、天井，这些功能用房也可设在地下一层。其他非教学功能用房可设在地下室。

问题【4.2.24】

问题描述：

大型综合体建筑核心筒处的楼梯间直通室外确有困难时，也可采取设置避难走道的方式解决。核心筒处的楼梯间如通至避难走道后，再通至室外，则该楼梯间至室外距离按 15m、30m 还是 60m 执行？

原因分析：

对《建筑设计防火规范》GB 50016—2014（2018 年版）不熟悉。

应对措施：

依据《建筑设计防火规范》GB 50016—2014（2018 年版）第 6.4.14 条，最大不超过 60m。

问题【4.2.25】

问题描述：

将公共建筑首层架空通道作为安全的室外空间，认为将安全疏散出口设于首层架空通道即为安全区域，没有做防火隔离措施。

原因分析：

《建筑设计防火规范》GB 50016—2014（2018 年版）不明确。

应对措施：

依据《建筑设计防火规范》GB 50016—2014（2018 年版）第 2.1.14 条，"室内安全区域"包括符合规范规定的避难层、避难走道等，"室外安全区域"包括室外地面、符合疏散要求并具有直接到达地面设施的上人屋面、平台以及符合本规范第 6.6.4 条要求的天桥、连廊等。尽管规范将避难走道视为室内安全区，但其安全性能仍有别于室外地面，因此设计的安全出口要直接通向室外，尽量避免通过避难走道再疏散到室外地面。

参考目前地方消防部门认为"有顶处空间，均不属于安全区域"，故架空通道不能等同于室外（比封闭的室内安全），可按类似扩大前室的方式，做好防火隔离措施（如图 4.2.25 所示）。

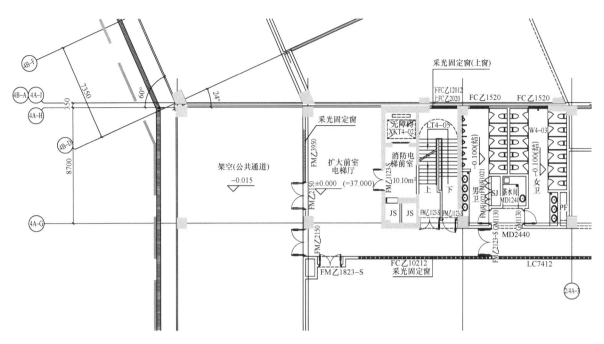

图 4.2.25 案例示意

问题【4.2.26】

问题描述：

综合楼内办公部分与其他使用功能部分的疏散楼梯间，在竖向是否允许共用？

原因分析：

对《办公建筑设计规范》JGJ/T 67—2006 不明确。

应对措施：

《办公建筑设计标准》JGJ/T 67—2019 第 5.0.2 条规定：办公综合楼内办公部分的安全出口不应与同一楼层内对外营业的商场、营业厅、娱乐、餐饮等人员密集场所的安全出口共用。

问题【4.2.27】

问题描述：

大型商业建筑因使用人数很多，常出现首层一条疏散走道连接多部疏散楼梯间从一个方向疏散到室外的情况，地上的多部疏散楼梯宽度应在首层疏散走道净宽之上叠加计算。问：如地下也是商业，也通至首层的这个疏散走道时，该疏散走道的净宽是否要叠加这个地下楼梯间的宽度？

原因分析：

对《建筑设计防火规范》GB 50016—2014（2018 年版）不明确。

应对措施：

如是从一个方向疏散到室外的情况，该疏散走道的净宽应该叠加这个地下楼梯间的宽度。如果由不同方向疏散到室外时，应权衡设计疏散走道净宽。

问题【4.2.28】

问题描述：

超高层公共建筑塔楼的多部疏散楼梯处在核心处，在首层不能直通室外，是否可以通过一个公共大堂（扩大前室）疏散至室外？距离是否有要求？

原因分析：

对《建筑设计防火规范》GB 50016—2014（2018 年版）不熟悉。

应对措施：

考虑到超高层公共建筑塔楼的多部疏散楼梯有处在核心处的设计，在首层不能直通室外，如首层公共大堂（扩大前室）满足交通功能，且不布置可燃物时，可以通过一个公共大堂（扩大前室）疏散至室外，但宜在不同方向上设 2 处疏散门。

但不宜无限制放宽这个距离，距离不应大于 30m。

问题【4.2.29】

问题描述：

依据《建筑设计防火规范》GB 50016—2014（2018 年版）第 6.1.3 条，两个防火分区的门、窗呈 90°转角相对，最近边缘水平距离不应小于 4m，如果是钝角相对时，门窗最近边缘水平距离是否还是"不应小于 4m（180°时是 2m）"？

原因分析：

对《建筑设计防火规范》GB 50016—2014（2018 年版）不熟悉。

应对措施：

如果是钝角相对，门窗最近边缘水平距离应执行"不应小于 4m"。

问题【4.2.30】

问题描述：

同一栋公共建筑，局部有凹槽，凹槽面里相对的门窗，最小间距有无具体尺寸规定要求？〔《建筑设计防火规范》GB 50016—2014（2018 年版）明确的是不同防火分区时，有 6m 的要求〕。

原因分析：

对《建筑设计防火规范》GB 50016—2014（2018 年版）不熟悉。

应对措施：

同一栋公共建筑，如果属于同一个防火分区，局部有凹槽（不是凹形体型建筑），凹槽面里相对的门窗，最小间距规范无要求。

问题【4.2.31】

问题描述：

五层及五层以下中小学校建筑，平面布置如出现局部为内廊式，是否需设计封闭楼梯间？距离多远有接外廊时，也可为敞开楼梯间？

原因分析：

对《建筑设计防火规范》GB 50016—2014（2018 年版）不熟悉。

应对措施：

依据《建筑设计防火规范》GB 50016—2014（2018 年版）第 5.5.13 条，除第 1、2、3 款外，五层及五层以下中小学校建筑或办公建筑等，平面布置如出现局部为内廊式，可为敞开楼梯间设计。

问题【4.2.32】

问题描述：

依据《建筑设计防火规范》GB 50016—2014（2018 年版）第 5.4.4A 条，老年人照料设施宜独立设置，问：为老年人服务的 2 个疏散楼梯间是否可与同层的其他公共建筑合用？是分别独立设置，还是可以有一部独立，另一部可开向其他公共走道？（新版《〈建筑设计防火规范〉图示》仍为 2 部独立的疏散楼梯间）

原因分析：

执行《建筑设计防火规范》GB 50016—2014（2018 年版）不到位。

应对措施：

依据《建筑设计防火规范》GB 50016—2014（2018 年版）第 5.4.4A 条条文说明，老年人照料设施宜独立设置。

对于新建和扩建建筑，应该有条件将安全出口全部独立设置。对于部分改建建筑，受建筑内上、下使用功能和平面布置等条件限制时，要尽量将老年人照料设施部分的疏散楼梯或安全出口独立设置。

问题【4.2.33】

问题描述：

依据公安部《关于加强超大城市综合体消防安全工作的指导意见》第八条："餐饮场所严禁使用液化石油气，设置在地下的餐饮场所严禁使用燃气"，这在设计时如何把握？

原因分析：

设计人员理解及解读不同。

应对措施：

1) 依据《建筑设计防火规范》GB 50016—2014（2018 年版）第 6.2.3 条及条文说明，明确：本条中的"厨房"包括公共建筑和工厂中的厨房、宿舍和公寓等居住建筑中的公共厨房，不包括住宅、宿舍、公寓等居住建筑中套内设置的供家庭或住宿人员自用的厨房。由于厨房火灾危险性较大，主要原因有电气设备过载老化、燃气泄漏或油烟机、排油烟管道着火等。因此，本条对厨房的防火分隔提出了要求。即：《建筑设计防火规范》允许建筑物中设置厨房，并没有禁止在什么楼层设置，也没有指明厨房应使用何种加热方式，只明确要求设置厨房时，要有防火分隔措施。

2) 依据公安部《关于加强超大城市综合体消防安全工作的指导意见》公消（2016）113 号文，第二条第（八）款："餐饮场所严禁使用液化石油气，设置在地下的餐饮场所严禁使用燃气。"

3) 依据广东省公安厅《加强部分场所消防设计和安全防范的若干意见》粤公通字（2014）13 号文，第一条第（4）款："餐饮场所、食品加工区内使用明火的厨房宜靠外墙布置""采用甲级防火门与其他隔开""必须采用可燃气体燃料时，应采用管道供气。"

4) 依据以上三条规范、规定及时间顺序，可知：项目属超大城市综合体项目，厨房的设计应按要求较严格的执行，即餐饮场所严禁使用液化石油气，设置在地下的餐饮场所严禁使用燃气。

问题【4.2.34】

问题描述：

住宅建筑开向前室的户门不得大于 3 户。按防火规范要求，同时结合项目建设地区的建筑协会对消防规范的解释，住宅项目设置三合一前室或合用前室时，开向同一前室的入户门不应超过 3 户；每层住宅总户数超过 6 户时，应考虑环形或半环形疏散通道（如图 4.2.34 所示）。

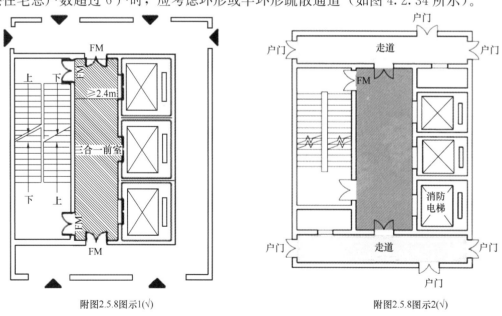

附图2.5.8图示1(√) 附图2.5.8图示2(√)

图 4.2.34 案例示意
(引自《广州市建筑工程消防设计、审查难点问题解答》)

原因分析：

规范不熟悉，同时各地的审图对于消防的把控标准也不统一。

应对措施：

从居住人员安全考虑，应按规范从严执行。对于一梯多户的住宅塔楼，加设环形或半环形通道。学习当地的消防及审查问题的解释条文，在方案前期与消防及审批部门积极沟通。

问题【4.2.35】

问题描述：

住宅两单元贴临建设，之间没有满足防火要求（如图 4.2.35 所示）。

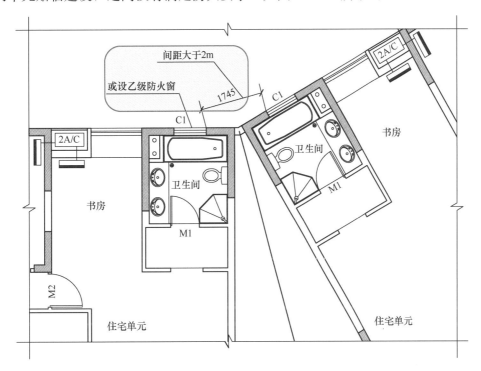

图 4.2.35　案例示意

原因分析：

要分清住宅单元之间的防火要求和住宅相临户之间的防火要求，两住宅单元（每单元 3 户及 3 户以上的情况）贴临建设（特别是高层住宅单元），消防一般是按防火分区控制，具体应咨询当地消防部门。

应对措施：

设计时，应咨询当地消防部门，住宅单元之间（每单元 3 户及 3 户以上的情况）如是按防火分区控制，则住宅两单元相临门窗洞口距离应大于等于 2.0m，或在一侧设乙级防火窗，有些地方要求为甲级。

问题【4.2.36】

问题描述：

避难层除避难区和设备间、设备管道井外，布置其他功能房间。

原因分析：

对避难区和非避难区界定不清晰。

应对措施：

当不需要将整个楼层作为避难层时，除火灾危险较小的设备房外，不能用于其他使用功能，并应采用防火墙将该楼层分隔成不同区域。

问题【4.2.37】

问题描述：

公共建筑的房间门直接开向防烟楼梯间前室。

原因分析：

设计人员对防烟楼梯间防火要求不明确。

应对措施：

除住宅建筑的楼梯间前室外，防烟楼梯间和前室内的墙上不应开设除疏散门和送风口以外的其他门、窗、洞口。房间可采取增加走道的疏散方式。

问题【4.2.38】

问题描述：

在厂房建筑的一层设置商铺。

原因分析：

对使用性质和使用功能区分不清。同一使用性质的不同使用功能应进行防火分隔，不同使用性质的场所不能合建在同一栋建筑内。

应对措施：

依据《建筑设计防火规范》GB 50016—2014（2018 年版）第 5.4.2 条，生产车间不允许与商店合建。

问题【4.2.39】

问题描述：

住宅首层大堂为扩大前室时，位于大堂内的管井门采用丙级防火门。

原因分析：

防烟楼梯间前室的防火要求不明确。

应对措施：

依据《建筑设计防火规范》GB 50016—2014（2018 年版）第 6.4.2 条及 6.4.3 条条文说明：封闭楼梯间、防烟楼梯间在首层时，可以为扩大封闭楼梯间和扩大防烟楼梯间前室，公共建筑的管道井门不能直接开向楼梯间内。

问题【4.2.40】

问题描述：

位于一层的汽车库仅在汽车出入口设卷帘门，没有人员专用安全出口。

原因分析：

对汽车库人员安全疏散概念不清楚。

应对措施：

汽车库、修车库的人员安全出口和汽车疏散口应分开设置。设置在工业与民用建筑内的汽车库，其车辆疏散出口应与其他场所的人员安全出口分开。

问题【4.2.41】

问题描述：

学校建筑在计算疏散人数时，每层建筑只对普通教室、行政办公用房、生活服务用房计算疏散人数，对于功能教室（如音乐室、实验室等）未考虑人数，导致学校建筑疏散宽度不满足要求。

原因分析：

学校建筑设计中，从建筑总人数来看，确实不需要考虑功能教室（如音乐室、实验室等），但由于功能教室一般都供所有楼层或几个楼层使用，因此在计算每层人数时，需要将功能教室人数考虑进去。

应对措施：

学校建筑每个楼层在计算疏散人数时，需考虑全面，核实功能教室供使用的楼层数，如果使用楼层数在 1 个以上，需要将功能教室人数考虑进去，并参与疏散宽度计算。

问题【4.2.42】

问题描述：

开向疏散楼梯间的门，当完全开启时，不应减少楼梯平台的有效宽度，同时不宜遮挡向下梯段的疏散流线。图 4.2.42 所示楼梯间的疏散门，当完全开启时，遮挡了向下梯段的疏散流线，向下的疏散流线需要绕过门扇，容易造成疏散不畅。

原因分析：

楼梯间的门不宜遮挡向下梯段的疏散流线这一点没有规范规定，而是从设计实用性去考虑的，很多建筑设计项目容易忽视。

应对措施：

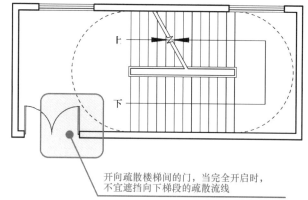

开向疏散楼梯间的门，当完全开启时，不宜遮挡向下梯段的疏散流线

图 4.2.42　案例示意

当开向疏散楼梯间的门与楼梯梯段平行时，建议将与疏散门相邻的梯段设计为向上跑的梯段，这样紧急疏散时，可以保证楼梯间内的疏散流线顺畅无阻。

4.3　地下室消防设计

问题【4.3.1】

问题描述：

汽车库坡道出入口与两侧的建筑外墙门窗洞口防火间距不足。

原因分析：

《汽车库、修车库、停车场设计防火规范》GB 50067—2014 规定，汽车库外墙门、洞口的上方，应设置耐火极限不低于 1.00h、宽度不小于 1.0m、长度不小于开口宽度的不燃性防火挑檐；上、下层开口之间墙的高度，不应小于 1.2m 或设置耐火极限不低于 1.00h、宽度不小于 1.0m 的不燃性防火挑檐。

设计人员一般都了解地下汽车库顶板洞口的防火间距，但容易忽略贴临建筑物的坡道出入口的防火要求。

应对措施：

应在汽车库坡道出入口与两侧的建筑外墙门窗洞口设置防火分隔措施。

问题【4.3.2】

问题描述：

地下车库可否与设备用房合并布置、划在同一防火分区？防火分区最大允许建筑面积如何控制？

原因分析：

《建筑设计防火规范》GB 50016—2014（2018 年版）不明确。

应对措施：

应明确设备用房的服务范围：专为地上建筑服务的设备用房应独立划分防火分区；专为地下车库服务的设备用房可合并布置防火分区。

1）专为地上建筑服务的设备用房或机房，如水泵房、冷冻机房、高低压变配电室、发电机房、锅炉房等，不可纳入地下车库的防火分区。

（1）设备用房部分应按《建筑设计防火规范》GB 50016—2014（2018 年版）第 5.3.1 条、表 5.3.1 的相关规定组织防火分区：设备用房的防火分区最大允许建筑面积为 1000m² /2000m²（加喷淋）。

（2）地下车库部分应按《汽车库、修车库、停车场设计防火规范》GB 50067—2014 第 5.1.1 条、表 5.1.1 的相关规定组织防火分区：地下汽车库防火分区的最大允许建筑面积为 2000m² /4000m²（加喷淋）。

2）专为地下车库服务的设备用房或机房（包括车库所必需的排风、排烟机房），可纳入地下车库的防火分区。

《汽车库、修车库、停车场设计防火规范》GB 50067—2014 第 5.1.9 条规定：附设在汽车库、修车库内的消防控制室、自动灭火系统的设备室、消防水泵房和排烟、通风空气调节机房等，应采用防火分隔和耐火极限不低于 1.50h 的不燃性楼板相互隔开或与相邻部位分隔。

3）实际工程中，上述两种情况往往同时存在。

在一个"大底盘"的地下室车库内，既有专为地上建筑服务的、独立划分防火分区的大型设备用房，也有专为地下车库服务的设备用房，则设备用房或机房一般均按独立划分防火分区设计。

问题【4.3.3】

问题描述：

消防水泵房一般会设置在地下室，未按规定采取合理的土建措施来防止水淹。

原因分析：

消防水泵房在《建筑设计防火规范》GB 50016—2014（2018 年版）中已明确，应采取防水淹的技术措施，此条文列在消防设施的设置章节中，建筑专业设计人员容易忽略此条款的要求。此要求作为强制性条文，必须严格遵照执行。

应对措施：

可在水泵房内采取设置排水沟及集水坑加自动抽排泵，以及设置门槛等措施来确保消防水泵房的安全。

问题【4.3.4】

问题描述：

地下室平面防火分区不合理，不满足疏散要求。自行车、设备用房没有设置独立的防火分区，或者防火分区面积超过了1000m²；缺乏直通疏散口的独立通道或安全出口。汽车库内最远点至疏散门距离超过了60m（汽车库防火分区间的连通不能算安全出入口）。（如图4.3.4所示）

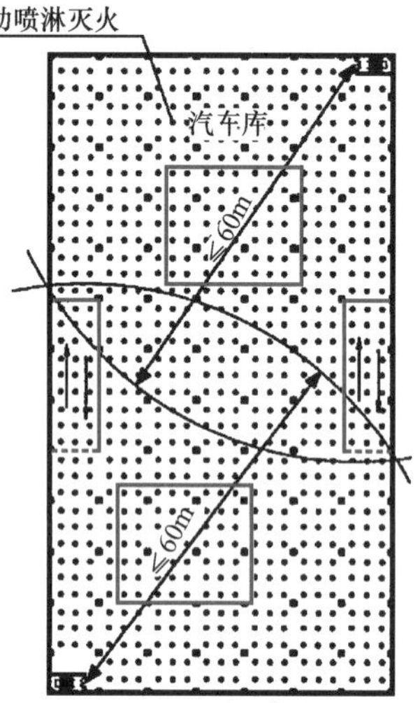

原因分析：

对消防规范不熟悉，或者设计疏漏。

应对措施：

较小的设备机房，例如隔油间等，可不单独设置独立的防火分区。其他超过100m²的设备机房是否可不独立分区，需与当地审批部门沟通。若无回复或特殊规定，应严格按防火规范执行，设备机房集中放置，每个防火分区最远疏散距离必须满足规范规定。

图4.3.4　案例示意
（引自《〈汽车库、修车库、停车场设计防火规范〉图示》12J814：6）

4.4　防火构造

问题【4.4.1】

问题描述：

超高层避难区外围全部做了乙级防火窗。

原因分析：

未了解超高层避难区的常用做法，乙级防火窗造价高，与标准层框料及玻璃的色差大。

应对措施：

建议做法为普通幕墙＋内衬砌体墙做法，且内衬墙上对应消防救援窗设两处外部可开启的乙级防火窗，并应满足加压避难区地面面积1%的开启要求。

问题【4.4.2】

问题描述：

地下室防火卷帘的安装，需要考虑卷帘盒的安装高度以及安装空间。如卷帘盒结合人防门洞设置时，人防门洞高度应考虑卷帘盒的安装高度，避免安装后净高不足。如卷帘盒侧装，需要在两侧设置400mm宽墙体收边封堵，并考虑墙垛对车位的影响（如图4.4.2所示）。

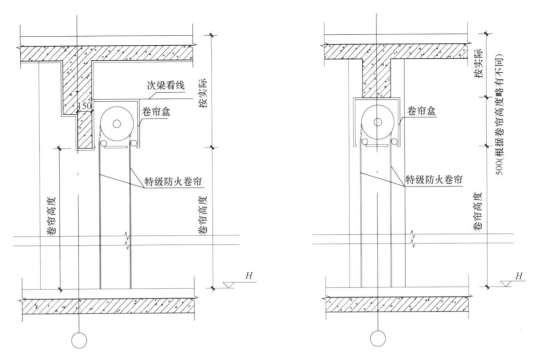

图 4.4.2 案例示意

原因分析：

平时绘图过程中，图面卷帘为单线，未表达卷帘宽度。卷帘与人防门洞同位置设置时，仅考虑人防门洞高度，未考虑卷帘盒对门洞净高的影响。

应对措施：

增加人防门洞高度，或者增加防火卷帘两侧安装墙垛。

问题【4.4.3】

问题描述：

地下车库采用无梁楼盖结构，柱帽影响防火卷帘安装。如图 4.4.3-1，原设计防火卷帘门 5.5m（宽）×2.5m（高），卷帘和柱帽冲突，无法安装。

原因分析：

1）建筑设计人员仅考虑了建筑设计，应能结合结构形式对建筑的影响，做出最适合的设计。

2）建筑设计人员对结构形式了解不够，应考虑结构柱帽扩大范围的影响。

应对措施：

1）加强设计师对结构体系的了解，从三维而不是二维的角度分析问题。

2）设计时可通过调整卷帘宽度及高度，使整个卷帘安装范围完全避开结构柱帽区域。

3）设计时应注意：卷帘居中安装时，洞口尺寸应考虑卷帘盒的高度；卷帘侧装时，卷帘盒应避开柱帽区域。

4）具体在本案中，把防火卷帘门高度减小 0.2m 改为 2.3m 高，宽度减小 0.55m 改为 4.95m，即可解决问题（如图 4.4.3-2 所示）。

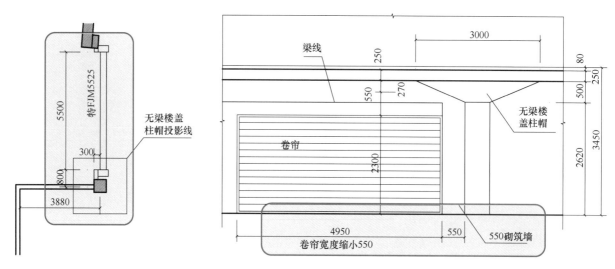

图 4.4.3-1 案例示意

图 4.4.3-2 案例示意

问题【4.4.4】

问题描述：

某项目地下室车库防火分区上设有特级防火卷帘门，平面表达为居墙中安装，卷帘门编号 FJM5525，门窗表洞口尺寸为 5500mm×2500mm。设计未考虑卷帘盒安装空间，导致卷帘门门高度不足 2200mm。

应对措施：

防火卷帘门留洞应为土建留洞。中装时留洞高度应考虑卷帘盒的安装高度（500～800mm），宽度应考虑洞口两侧安装导轨的尺寸，具体参见图 4.4.4。如果是侧装，无梁楼盖应避免与加肋梁冲突，有冲突时结构应作特殊处理；侧装时还应考虑卷帘下落时对停车位的影响。

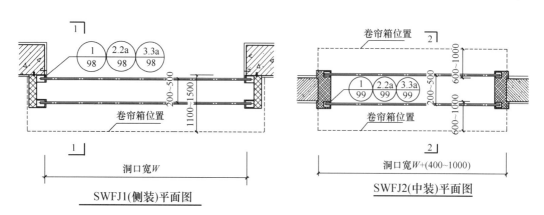

图 4.4.4 案例示意

（图片引自国家标准图集《防火门窗》12J609 第 97 页）

问题【4.4.5】

问题描述：

防烟楼梯间加压风口标高不正确，楼梯间梯段堵住加压风口（如图 4.4.5 所示）。

原因分析：

没有考虑洞口标高与梯段高度是否冲突，只是在平面上表示出洞口位置和洞口标高（$H+\times$）。

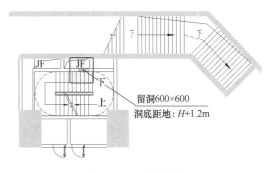

图 4.4.5　案例示意

应对措施：

重新梳理洞口立面位置与梯段剖面关系，在剖面图上表示出看到或看不到的楼梯间洞口。

问题【4.4.6】

问题描述：

消火栓埋墙处理时，消火栓背后墙体厚度不足，不满足防火要求。

原因分析：

消火栓埋墙时，未做特别说明及处理，100mm 厚墙体扣除消火栓箱体厚度后无法满足防火要求。

应对措施：

如是 200mm 厚墙体，特别说明消火栓箱体埋墙 100mm 厚，但此处理方法消火栓箱体会凸出墙面。如完全内嵌安装消火栓箱体，则墙体需特别处理，增加墙厚或在消火栓箱体背面增加防火钢板。

问题【4.4.7】

问题描述：

某项目消火栓箱安装时，箱门距墙太近，箱门开启角度不足 160°，不满足规范要求，无法通过消防验收。（如图 4.4.7-1、图 4.4.7-2 所示）

原因分析：

消火栓箱门的开启应满足《消火栓箱》GB/T 14561—2019 第 5.5.3 条：箱门的开启角度不应小于 160°（图 4.4.7-3）。

设计时未明确表达消火栓箱门的开启方向，导致施工安装未能预留足够的墙垛宽度，消火栓箱门无法 160° 开启，无法通过消防验收。

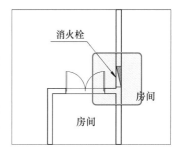

图 4.4.7-1　案例示意

图 4.4.7-2　消火栓位置

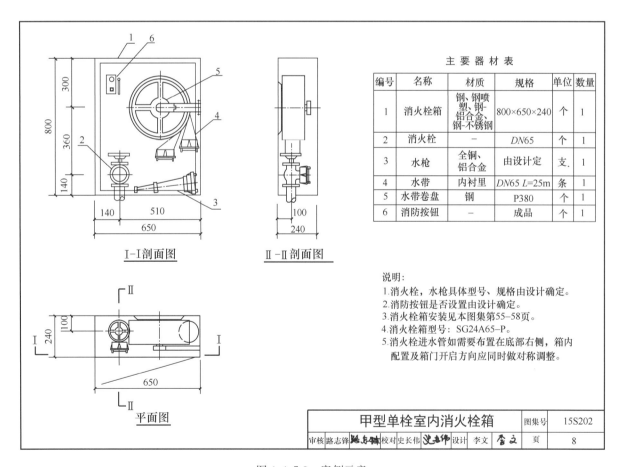

编号	名称	材质	规格	单位	数量
1	消火栓箱	钢、钢喷塑、钢-铝合金、钢-不锈钢	800×650×240	个	1
2	消火栓	—	DN65	个	1
3	水枪	全铜、铝合金	由设计定	支	1
4	水带	内衬里	DN65 L=25m	条	1
5	水带卷盘	钢	P380	个	1
6	消防按钮	—	成品	个	1

主要器材表

I-I剖面图　　　　II-II剖面图

平面图

说明:
1.消火栓,水枪具体型号、规格由设计确定。
2.消防按钮是否设置由设计确定。
3.消火栓箱安装见本图集第55-58页。
4.消火栓箱型号: SG24A65-P。
5.消火栓进水管如需要布置在底部右侧,箱内配置及箱门开启方向应同时做对称调整。

甲型单栓室内消火栓箱		图集号	15S202
审核 路志锋 路志锋 校对 史长伟 史长伟 设计 李文 李文		页	8

图 4.4.7-3　案例示意
（引用图集《室内消火栓安装》15S202）

应对措施：

设计应确定水管方位及开门方向，调整消火栓位置，保证门打开 160°。

问题【4.4.8】

问题描述：

首层楼梯间下地下室梯段需要考虑与地上梯段做好防火分隔。在常规梯井处做好防火分隔墙的同时，还需要考虑梯板两侧的缝隙做好防火分隔，否则会出现地上梯段和地下梯段空间相穿通问题，不满足《建筑设计防火规范》GB 50016—2014（2018 年版）第 6.4.4 条第 3 款要求（如图 4.4.8-1 所示）。

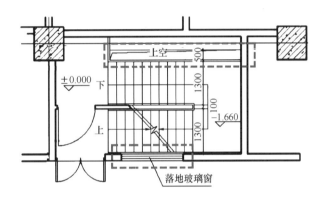

图 4.4.8-1　案例示意

原因分析：

非剪力墙结构体系的框架梁、框架柱跟楼梯板之间经常会出现缝隙，楼梯间的墙无法贴梯板，或者楼梯间外墙为玻璃窗、玻璃幕墙，就容易出现地上梯段跟地下梯段空间相穿通问题。

应对措施：

设计楼梯间时，下的梯段板加宽 100mm，砌筑隔墙 100mm，上的梯段梯段板加宽 100mm，盖住隔墙，保证上下梯段空间不贯通（如图 4.4.8-2 所示）。

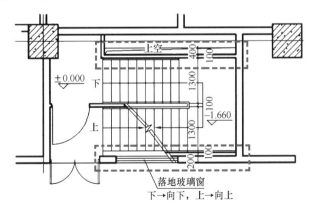

图 4.4.8-2　案例示意

另一案例如图 4.4.8-3 所示。应对措施为玻璃内侧设置高度不小于 1200mm 的实体内衬墙，并在窗、墙之间填塞岩棉进行防火封堵。

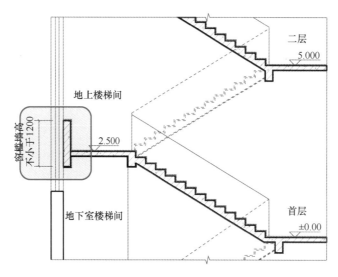

图 4.4.8-3 案例示意

问题【4.4.9】

问题描述：

住宅建筑设计中公共走道、电梯厅前室、消防电梯前室、疏散走道、疏散门、住宅户内过道等有净宽或者净面积要求的空间，设计师按照规范要求设计，但在施工完成验收阶段发现宽度及净面积均小于规范要求（如图 4.4.9 所示）。

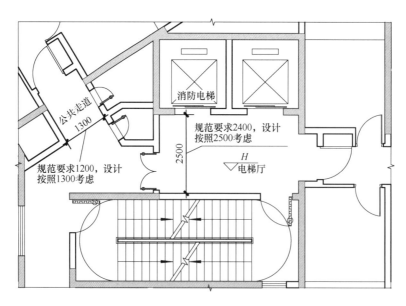

图 4.4.9 案例示意

原因分析：

建筑方案设计与施工阶段相脱离，同时设计师缺乏对建筑构造做法的了解，按照规范要求最小值设计，但未考虑施工误差以及面层厚度等，施工完成验收阶段发现宽度及净面积均小于规范要求。

应对措施：

在设计疏散宽度及有面积要求的空间时，应按照扣除装修厚度以及栏杆等构件尺寸以后的净尺寸进行设计，且实际宽度或面积大小应略超规范标准。

问题【4.4.10】

问题描述：

消防救援窗位置未对应消防车登高操作场地；救援窗净高度或净宽度小于1.0m；有个别防火分区消防救援窗设置数量少于2个；救援窗未做易于识别的、明显的易碎标志（图4.4.10-1所示为正确做法）。

原因分析：

《建筑设计防火规范》GB 50016—2014（2018年版）相关规定：

第7.2.1条　高层建筑应至少沿一个长边或周边长度的1/4且不小于一个长边长度的底边连续布置消防车登高操作场地。

第7.2.4条　厂房、仓库、公共建筑的外墙应在每层的适当位置设置可供消防救援人员进入的窗口。

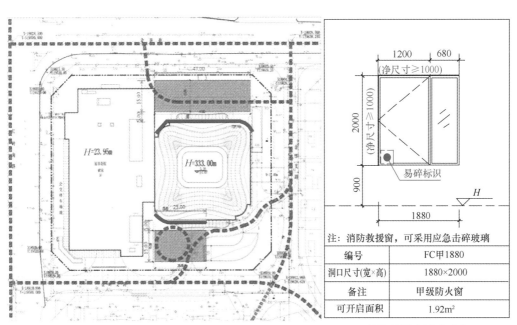

消防救援场地范围示意　　　　　　　消防救援窗尺寸示意

━━━━━ 消防救援窗可布置范围

图4.4.10-1　案例示意（一）

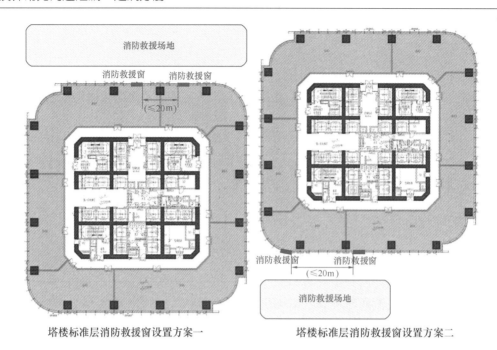

塔楼标准层消防救援窗设置方案一　　　塔楼标准层消防救援窗设置方案二

图 4.4.10-1　案例示意（二）

4

第 7.2.5 条　供消防救援人员进入的窗口的净高度和净宽度均不应小于 1.0m，下沿距室内地面不宜大于 1.2m，间距不宜大于 20m 且每个防火分区不应小于 2 个，设置位置应与消防车登高操作场地相对应。窗口的玻璃应易于破碎，并应设置可在室外易于识别的明显标志。

以上几条规范，按照从建筑性质到设置位置再到做法要求，阐述了消防救援窗的设置要求。

消防救援窗经常被设计人员忽视甚至遗忘，如平面上忘记设置，立面上忘记特殊标记，尺寸设置可能会无法满足净高净宽尺寸要求。

应对措施：

消防救援窗设置本意为，在建筑失火时消防救援人员可通过敲碎消防救援窗便捷进入建筑室内实施救援。重点为便于在外立面上找到，易敲碎，便于进入建筑室内。设计人员需要在前期牢记规范，并准确设计到工程项目中。

另一案例见图 4.4.10-2 所示。

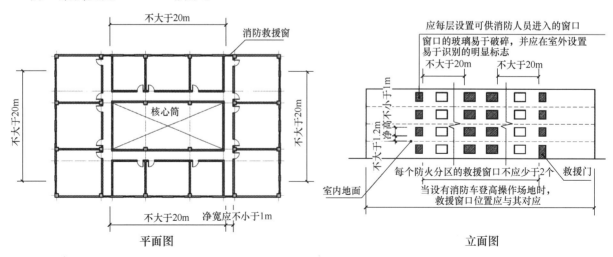

平面图　　　　　　　　　　　　　　立面图

图 4.4.10-2　案例示意

问题【4.4.11】

问题描述：

进行住宅的剪刀楼梯设计时，梯段的实际净宽不足规范要求的 1100mm。

原因分析：

设计人员对剪刀楼梯梯段净宽度理解不到位，未重视梯段两侧墙体的抹灰厚度、扶手占用的宽度；另外还要考虑一定的施工误差。

应对措施：

严格执行规范，两侧墙体的抹灰厚度按材料做法表，常规 20mm，扶手内侧与墙面的距离最小按 40mm，半扶手宽度一般按 25～40mm，再考虑一定的施工误差值，综合确定梯段所需的结构净宽度（如图 4.4.11 所示）。

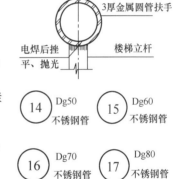

3.8　扶　手

3.8.1　无障碍单层扶手的高度应为 850mm~900mm，无障碍双层扶手的上层扶手高度应为 850mm~900mm，下层扶手高度应为 650mm~700mm。

3.8.2　扶手应保持连贯，靠墙面的扶手的起点和终点处应水平延伸不小于 300mm 的长度。

3.8.3　扶手末端应向内拐到墙面或向下延伸不小于 100mm，栏杆式扶手应向下成弧形或延伸到地面上固定。

3.8.4　扶手内侧与墙面的距离不应小于 40mm。

3.8.5　扶手应安装坚固，形状易于抓握。圆形扶手的直径应为

3.8.6　扶手的材质宜选用防滑、热惰性指标好的材料。

图 4.4.11　案例示意

问题【4.4.12】

问题描述：

某高层公共建筑首层楼梯间门为防火门，门洞尺寸为 1350mm。门窗表中备注选用国标图集 12J609 第 49 页的构造，依照图集做法，门净宽小于 1200mm，不满足规范要求。

原因分析：

《建筑设计防火规范》GB 50016—2014（2018 年版）第 5.5.18 条规定：高层公共建筑内楼梯间的首层疏散门的最小净宽度不小于 1200mm。

疏散门的最小净宽度应考虑门框及门扇开启影响。

应对措施：

该项目选用国标图集《防火门窗》12J609 钢框木防火门，边框剖视图如图 4.4.12，开启时单边门框及门扇占用尺寸为 54mm－14mm＋42mm＝82mm，两侧门框应扣除 164mm，设计按照

200mm 预留，门净宽 1200mm，留洞为 1400mm。

即：双扇门洞尺寸（1400mm）＝净宽（1200mm）＋预留（200mm）。

同理，单扇门洞尺寸（1050mm）＝净宽（900mm）＋预留（150mm）。

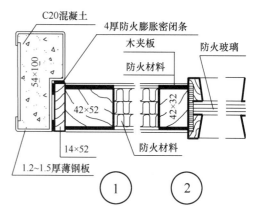

图 4.4.12 案例示意

问题【4.4.13】

问题描述：

某项目首层防火分区的分隔在疏散走道处，设甲级防火门，未注明为常开，不满足规范要求。

原因分析：

《建筑设计防火规范》GB 50016—2014（2018 年版）第 6.4.10 条规定：疏散走道在防火分区处应设置常开甲级防火门。

在火灾时，建筑内可供人员安全进入楼梯间的时间比较短，一般为几分钟。而疏散走道是人员在楼层疏散过程中的一个重要环节，且也是人员汇集的场所，要尽量使人员的疏散行动通畅不受阻。因此，在疏散走道上不应设置卷帘、门等其他设施，但在防火分区处设置的防火门，则需要采用常开的方式以满足人员快速疏散的需要，并在火灾时自动关闭起到阻火挡烟的作用。

设计时防火门注明常开，电气专业应在此防火门处配合设计电气线路和模块，进行消防联动。

应对措施：

疏散走道防火分区处的甲级防火门需注明"常开"。

问题【4.4.14】

问题描述：

住宅建筑外墙上下相邻开口的墙体高度不满足要求。

原因分析：

对住宅建筑构件防火要求不明确。

应对措施：

建筑外墙上、下层开口之间应设置高度不小于 1.2m 的实体墙或挑出宽度不小于 1.0m、长度不小于开口宽度的防火挑檐。

当室内设置自动喷水灭火系统时，上、下层开口之间的实体墙高度不应小于 0.8m。

住宅建筑外墙上相邻户开口之间的墙体宽度不应小于 1.0m；小于 1.0m 时，应在开口之间设置突出外墙不小于 0.6m 的隔板。

问题【4.4.15】

问题描述：

某高层公寓项目，楼梯间首层疏散门门洞宽 1.03m，不满足规范要求的净宽 1.2m（如图 4.4.15 所示）。

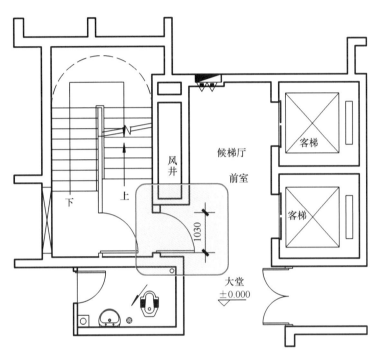

图 4.4.15　案例示意

原因分析：

高层公寓的消防应按公共建筑设计。《建筑设计防火规范》GB 50016—2014（2018 年版）第 5.5.18 条规定：除高层医疗建筑外，其他高层公共建筑楼梯间的首层疏散门、首层疏散外门的净宽应不小于 1.2m。

应对措施：

增加首层楼梯间门宽度，满足其净宽不小于 1.2m 的要求。

问题【4.4.16】

问题描述：

车库人员安全出口外侧布置车位，阻碍安全疏散（如图 4.4.16 所示）。

应对措施：

去掉门口车位，设置不小于 1.1m 净宽的人行疏散通道通向安全出口。

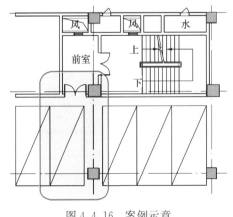

图 4.4.16　案例示意

问题【4.4.17】

问题描述：

设置在变形缝附近的防火门，未设在层数较多的一侧，且开启后跨越变形缝。

原因分析：

《建筑设计防火规范》GB 50016—2014（2018 年版）第 6.5.1.5 条规定：防火门设置在建筑变形缝附近时，应设置在楼层较多的一侧，并应保证防火门开启时门扇不跨越变形缝。

应对措施：

防火门开启后，门扇不应跨越变形缝，并应设在楼层较多的一侧，如图 4.4.17 所示。

图 4.4.17　案例示意

问题【4.4.18】

问题描述：

中庭或其他大空间两层通高，二层部分与旁边房间的相邻开窗间距不足 2m。

原因分析：

设计未考虑到大空间上空与其底层为同一防火分区，应与上层其他空间之间设置防火分隔设施。

应对措施：

应设置 2m 的防火隔墙（如图 4.4.18 所示）。

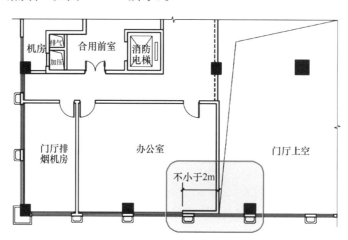

图 4.4.18　案例示意

问题【4.4.19】

问题描述：

商业建筑的首层疏散门外 1.4m 范围内设有踏步，疏散门前宽度不足（如图 4.4.19 所示）。

图 4.4.19　案例示意

原因分析：

《建筑设计防火规范》GB 50016—2014（2018 年版）第 5.5.19 条规定：人员密集的公共场所、观众厅的疏散门不应设置门槛，其净宽度不应小于 1.40m，且紧靠门口内外各 1.40m 范围内不应设置踏步。

商业建筑为人员密集场所。

应对措施：

设计时需注意首层疏散门前的宽度是否满足要求。

问题【4.4.20】

问题描述：

室内隔墙与幕墙的交界处未做防火封堵。

原因分析：

《建筑设计防火规范》GB 50016—2014（2018 年版）第 6.2.6 条规定：幕墙与每层楼板、隔墙处的缝隙应采用防火封堵材料封堵。

应对措施：

幕墙设计图应完善封堵节点（如图 4.4.20 所示）。

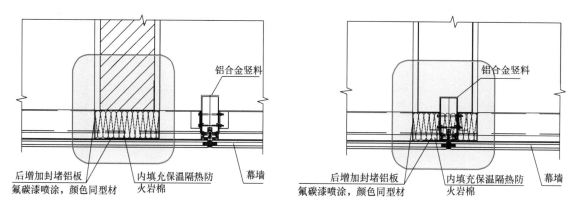

图 4.4.20 案例示意

问题【4.4.21】

问题描述：

防火玻璃窗使用普通铝合金框。

原因分析：

门窗大样说明中统一表述为铝合金窗框，但大样图中的防火固定窗只表达了玻璃的耐火极限要求，未注明边框材质，而普通铝合金框不能通过防火测试。

应对措施：

在门窗说明中统一注明防火窗的窗框要求，应采用钢制窗框并使用防火涂料。

问题【4.4.22】

问题描述：

高层住宅厨房选用 PVC 顶棚。

原因分析：

对材料防火性能和装修设计防火规范不熟悉，PVC 属于难燃材料。《建筑内部装修设计防火规范》GB 50022—2017 第 5.2.1 条规定，高层住宅的顶棚必须采用燃烧性能 A 级（不燃）的装修材料。

应对措施：

高层住宅顶棚应选用铝合金等 A 级材料。

问题【4.4.23】

问题描述：

某项目地下一层设置变配电房，毗邻厨房油污井，且水管从电房内入口处上空穿过，不满足规范要求。

原因分析：

《20kV 及以下变电所设计规范》GB 50053—2013 第 2.0.1 条规定：发电机房、电房等设备用房直接上方或者毗邻空间不应布置有水房间。

应对措施：

与厨房贴邻位置设双墙，墙体做无渗漏、无结露的防水处理。水管从变配电房内移出，不应穿过变配电房。

问题【4.4.24】

问题描述：

某项目消防水泵房平面大样图中，排水沟穿防火墙（如图 4.4.24 所示）。

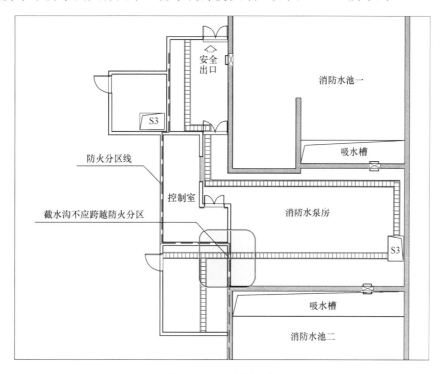

图 4.4.24　案例示意

应对措施：

排水沟在不同防火分区的防火墙处必须断开，集水井在防火墙两侧分别设置，也可设地漏引至最近的集水井。

问题【4.4.25】

问题描述：

某住宅项目，核心筒楼梯为剪刀梯，在首层标高 0.74m 处外窗被梯板分隔，此处正好是地上、地下两个楼梯交界处，未能做到实体墙完全分隔，不满足规范要求（如图 4.4.25 所示）。

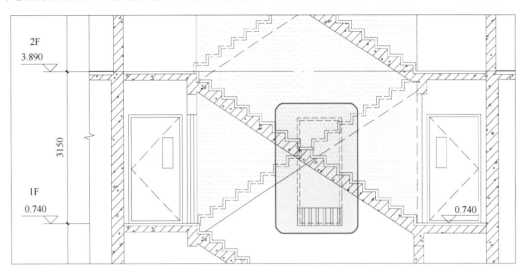

图 4.4.25　案例示意

应对措施：

调整窗户尺寸和位置，使首层与地下部分完全分隔。

问题【4.4.26】

问题描述：

地下与地上建筑共用楼梯间，在首层采用防火隔墙分隔，造成首层梯段净宽减小，可能不满足消防疏散要求。

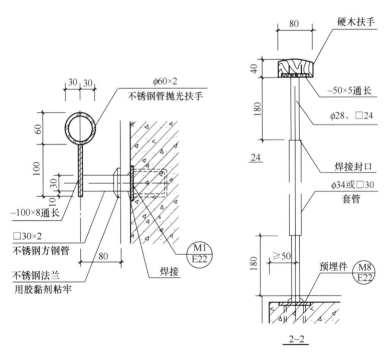

图 4.4.26　不同扶手需要考虑的宽度

（引自国家建筑标准设计图集《楼梯 栏杆 栏板（一）》15J403-1 第 E4、B15 页）

原因分析：

楼梯扶手在其他楼层临梯井设置，在首层变成靠墙扶手，选用标准图中扶手中心线距墙面的距离大于距临空梯段外侧的距离。

应对措施：

以梯段最窄处尺寸定义楼梯疏散宽度限值。

问题【4.4.27】

问题描述：

防火门两侧未设置墙垛。液压式闭门器厚度较大（如图 4.4.27 所示）。

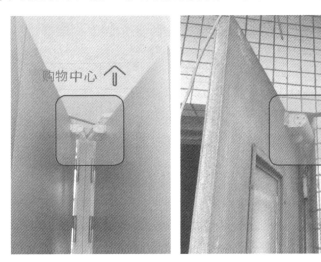

图 4.4.27　防火门无法完全开启案例

原因分析：

防火门设有闭门器，常规液压式闭门器有一定厚度。如果防火门未设门垛，或两樘防火门相邻未留出适当距离，防火门开启时闭门器液压盒碰到墙体或其他物体，可能阻碍防火门完全开启。

应对措施：

1) 防火门一般应设置不小于 50mm 的门垛，相邻的防火门门框之间一般留有不小于 100mm 的距离。

2) 如确实较难留出门垛，可选择合适的防火门闭门器，闭门器由装门外侧改为装门内侧。

问题【4.4.28】

问题描述：

学校或幼儿园等多层建筑，疏散楼梯的设置不满足防火设计规范要求。疏散楼梯按照敞开楼梯设置，不满足敞开楼梯间的设置要求。如图 4.4.28-1、图 4.4.28-2 所示即为敞开楼梯和敞开楼梯间的区别。

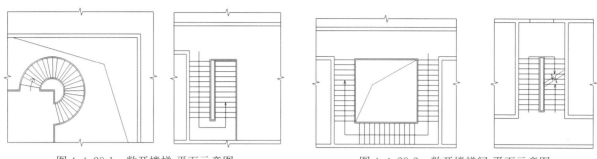

图 4.4.28-1　敞开楼梯 平面示意图　　　　图 4.4.28-2　敞开楼梯间 平面示意图

（图片参考《〈建筑设计防火规范〉图示》18J811-1 第 5.3.2 条图示一、二、三）

原因分析：

设计人员概念不清，敞开楼梯和敞开楼梯间在防火设计上的要求是不同的。敞开楼梯不能作为安全出口，只能作为疏散时的路径，楼梯连接的上下层空间应考虑防火分区面积叠加的问题；敞开楼梯间在满足设置要求时可作为安全出口，疏散距离算到楼梯口，且敞开楼梯间可以不按上、下层相连通的开口考虑防火分区面积叠加的问题。

应对措施：

在方案设计时，应充分理解防火设计规范针对疏散楼梯的设置要求，在合适的位置按规定设置疏散楼梯间，避免后期出现重大修改。

问题【4.4.29】

问题描述：

地下室汽车坡道在首层设置在建筑物内，首层功能是架空层，设计上希望视线通透，而未按规定采取防火分隔措施。

原因分析：

首层为非架空层时，在通往首层的汽车坡道与首层相邻房间采用实体墙分隔，一般坡道口不设置防火卷帘，坡道的防火分区属于地下室防火分区。首层为架空层时，在首层坡道与架空层之间应采取防火分隔措施进行分隔。这个问题往往会被忽视。

应对措施：

在汽车坡道与首层架空层之间设置满足耐火极限要求的实体墙进行防火分隔，或在坡道上设置防火卷帘将地上和地下进行防火分隔。

问题【4.4.30】

问题描述：

钢结构项目的消防验收发现，防火墙钢梁耐火等级按 1.5h 或 2h 设计，未达到防火耐火等级要求。

原因分析：

一般钢结构项目，钢梁耐火等级按建筑主体的耐火等级要求 1.5h 或 2h 设计，防火分区隔墙周边的钢梁应达到防火墙的耐火极限（应不低于 3h）要求，并应进行特别说明：防火分区相关位置的钢梁属于防火隔墙的一部分。

应对措施：

在消防设计说明及钢结构设计说明中，应特别注明特殊部位相关的防火设计要求。

问题【4.4.31】

问题描述：

室外疏散楼梯（如地下室的非机动车库人员疏散楼梯、地上二层通至首层的室外疏散楼梯）与周边办公空间的玻璃门窗洞口距离小于 2m，不满足《建筑防火设计规范》GB 50016—2014（2018 年版）第 6.4.5 条要求。一旦办公场所起火易引起楼梯烧毁破坏，影响人员疏散（如图 4.4.31-1 所示）。

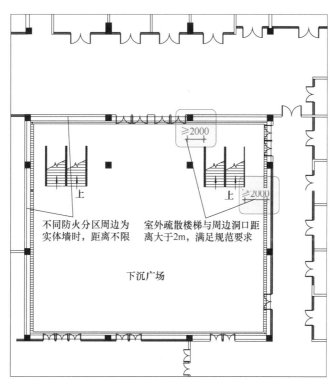

图 4.4.31-1　案例示意

原因分析：

场地紧张，地下室外疏散楼梯与首层建筑之间的防火间距及防火要求容易疏漏；解决地下疏散宽度时忽视了室外楼梯作为疏散楼梯的设计要求。

应对措施：

室外疏散楼梯与周边门、窗、洞口的距离应符合下列防火要求：除疏散门外，楼梯周围 2m 内的墙面上不应设置门、窗、洞口。疏散门不应正对梯段（图 4.4.31-2）。

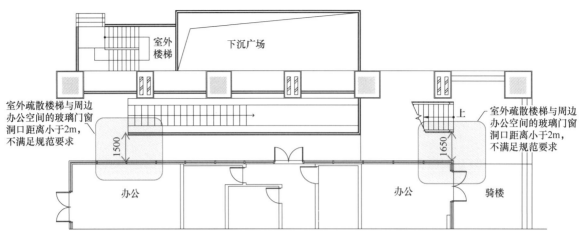

图 4.4.31-2　案例示意

问题【4.4.32】

问题描述：

地下汽车库坡道首层出地面位置，与上部建筑外墙洞口的高度不足（如采用玻璃幕墙或有门窗洞口），亦未设防火挑檐，不满足消防要求。

原因分析：

1)《建筑设计防火规范》GB 50016—2014（2018 年版）第 6.2.5 条要求：建筑外墙上下层开口之间应设置高度不小于 1.2m 的实体墙或挑出宽度不小于 1.0m、长度不小于开口宽度的防火挑檐；当室内设置自动喷水灭火系统时，上下层开口之间的实体墙高度不应小于 0.8m。当设置实体墙确有困难时，可设置防火玻璃墙，高层建筑玻璃耐火完整性不应低于 1h，多层不应低于 0.5h。外窗的耐火完整性不应低于防火玻璃墙的耐火完整性要求。

2) 建筑设计在考虑外立面开口之间的防火分隔措施时，仅考虑了地上楼层间的防火要求，忽略了与出地面地下汽车库坡道之间的防火要求（如图 4.4.32 所示）。

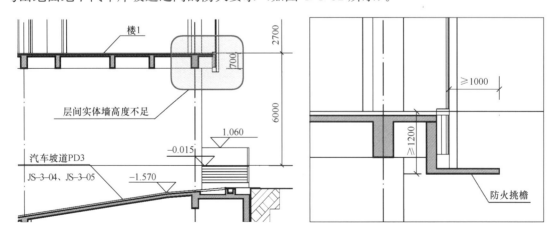

图 4.4.32　汽车坡道与上层开口之间实体墙高度不满足要求（图左）；
汽车坡道与上层开口之间设防火挑檐（图右）

应对措施：

地下车库坡道上部外墙为玻璃幕墙或设置门窗洞口时，在幕墙内侧设置满足防火分隔要求高度的实体矮墙，或设置挑出距外墙面宽度不小于 1.0m、长度不小于开口宽度的防火挑檐；由于防火玻璃造价高，且有窗框过厚、使用时间久容易变色发黄等问题，对立面效果影响过大，除甲方明确要求外，不建议设置防火玻璃作为防火分隔措施。

问题【4.4.33】

问题描述：

节能计算时，东、西向墙体（含厨房）需要参与隔热验算，也需要做保温，设计按常用的 B1 级保温材料选用并设置了防护层，结果仍被判不满足防火规范要求。

原因分析：

《建筑设计防火规范》GB 50016—2014（2018 年版）第 6.7.2 条对外墙采用内保温系统时，提到"……用火、燃油、燃气等具有火灾危险性的场所……应采用燃烧性能为 A 级的保温材料。"而《建筑内部装修设计防火规范》GB 50222—2017 第 4.0.11 明确要求："建筑物内的厨房，其顶棚、墙面、地面均应采用 A 级装修材料。"

应对措施：

在节能软件中，可将厨房等非主要功能性房间设置为"空房间"，将墙体抹灰、水泥砂浆、面砖等材料详细设置好，若不能通过隔热验算，则增设无机保温砂浆（A 级）保温层。

问题【4.4.34】

问题描述：

地下室楼梯间自然通风窗与地下室排风洞口在首层的距离应满足《建筑设计防火规范》GB 50016—2014（2018 年版）第 6.4.1 条相关规定。

地下室的排风排烟洞口数量较多，且多数与楼梯间位置结合布置，地下楼梯间的通风，一般也设置在首层，多数在首层楼梯间外墙上开窗或开门；楼梯间周边同时设置地下室的排烟洞口，安全防火距离不足时，易引起烟气扩散至楼梯间，影响人员疏散（如图 4.4.34 所示）。

原因分析：

首层排烟排风洞口在满足了地下室楼梯

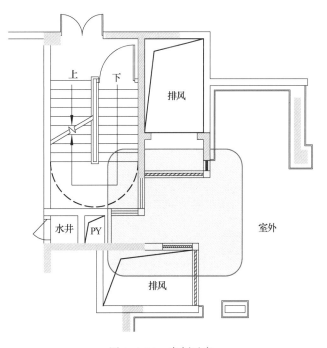

图 4.4.34　案例示意

（图例参考自《〈建筑设计防火规范〉图示》18J811-1）

的通风及排烟要求时，忽视了此洞口与周边地下室、车库等排风兼机械排烟洞口之间也应保持安全防火距离。

应对措施：

1）调整排烟百叶的方向，保证与楼梯间通风排烟洞口的安全防火距离大于1m。
2）提醒空调专业关注类似问题。

问题【4.4.35】

问题描述：

对于长走道及面积超过50m² 商业等按自然排烟设计的场所，对外的有效开窗高度设计有误，导致自然开窗排烟面积不足。

原因分析：

不了解《建筑防烟排烟系统技术标准》GB 51251—2017 第4.3.3.1条关于自然排烟窗设置的相关技术要求。

应对措施：

依据《建筑防烟排烟系统技术标准》GB 51251—2017 第4.3.3.1条关于自然排烟窗设置的相关技术要求，自然排烟开窗有效高度：建筑净高不大于3m，开窗在建筑净高的1/2以上；建筑净高大于3m，开窗在1.6m+0.1m以上并合理设计开窗面积。

问题【4.4.36】

问题描述：

楼梯间内当采用加压送风防排烟时，一般不允许开窗。但楼梯间平时需要通风换气，如何解决？

原因分析：

《建筑设计防火规范》GB 50016—2014（2018年版）不明确。

应对措施：

防烟楼梯间内当采用加压送风防排烟时，一般不开窗。但楼梯间平时使用时，可打开窗通风换气。

问题【4.4.37】

问题描述：

地下室柴油发电机房储油间没有设置混凝土门槛。地下室柴油发电机房需标注储油量和储油时间。为了防止柴油漏出，储油间出入口应按规范设置不小于300mm的混凝土门槛，储油间的储油量不能超过规范规定的体积（如图4.4.37所示）。

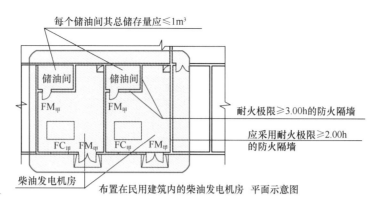

图 4.4.37　案例示意

（图例参考自《〈建筑设计防火规范〉图示》13J811-1 改）

原因分析：

出图时疏漏。

应对措施：

平面图中，柴油发电机房的储油间必须标注储油量和储油时间，在门口处标注设置高度大于等于 300mm 的混凝土门槛，内铺 150mm 厚碎石和粗砂。

问题【4.4.38】

问题描述：

高层建筑直通室外的安全出口上方，未设挑出宽度不小于 1m 的防护挑檐，从首层出口疏散出来的人员有可能被建筑上部的坠落物砸伤。

原因分析：

设计容易遗漏此项。

《建筑设计防火规范》GB 50016—2014（2018 年版）第 5.5.7 条："高层建筑直通室外的安全出口上方，应设置挑出宽度不小于 1.0m 的防护挑檐。"防护挑檐区别于层间的防火挑檐（防止上下层间蹿火），用途主要是防止火灾时上方外墙坠落构件堵塞出口或者砸伤人员，因此防护挑檐要求具有一定的结构强度，但并没有耐火极限要求。

对于住宅建筑，《住宅建筑规范》GB 50368—2005 第 5.2.4 条："住宅的公共出入口位于阳台、外廊及开敞楼梯平台的下部时，应采取防止物体坠落伤人的安全措施。"该条文设置的目的是"为防止阳台、外廊及开敞楼梯平台上坠物伤人，要求对其下部的公共出入口采取防护措施，如设置雨罩等"。《建筑设计防火规范》GB 50016—2014（2018 年版）中防护挑檐的设置要求，已涵盖了此要求。

应对措施：

1）高层建筑直通室外的安全出口上方，设挑出宽度不小于 1m 的防护挑檐。

2）可做骑楼或者将雨篷提前考虑在立面元素之中。

3）前期设计考虑雨篷空间，结合节点设计将雨篷融入建筑，避免后期增加时受退线影响效果和使用（如图 4.4.38-1、图 4.4.38-2 所示）。

图 4.4.38-1　案例示意 1

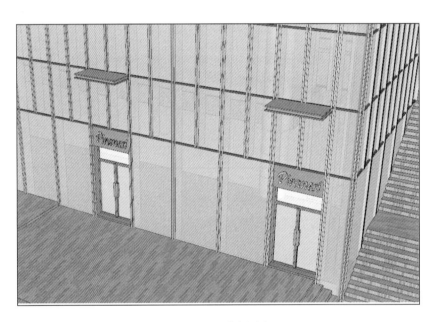

图 4.4.38-2　案例示意 2
图中加设雨篷影响立面效果

引申出另一个重要关注点：高层建筑首层外墙退线未考虑出入口处防坠落雨篷的空间，导致无法设置雨篷，不满足《建筑设计防火规范》GB 50016—2014（2018 年版）第 5.5.7 条关于防护挑檐的要求。

在方案设计阶段，在设计建筑外墙退线时应尽量预留足够的距离，同时高层建筑首层出入口处需要考虑防坠落设施，并注意外墙装饰面的安装距离（图 4.4.38-3）。

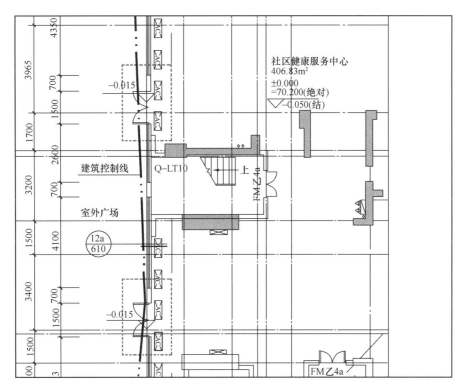

图 4.4.38-3 案例示意

问题【4.4.39】

问题描述：

室内做法中，对装修材料燃烧性能等级有 A 级要求的顶棚采用有机涂料；对安装在木龙骨上的纸面石膏板的顶棚，只按燃烧性能等级 B1 级使用，而不能按 A 级使用。

原因分析：

对材料的燃烧性能等级划分不清。

应对措施：

施涂于 A 级基材上的无机装修涂料，可作为 A 级装修材料使用；安装在金属龙骨上、燃烧性能达到 B1 级的纸面石膏板，可作为 A 级装修材料使用。

问题【4.4.40】

问题描述：

按现行《建筑设计防火规范》GB 50016—2014（2018 年版）第 6.7.2 条的规定，建筑外墙采用内保温系统时，厨房、疏散楼梯间、避难走道、避难间（各户安全房间）、避难层等场所，应采用燃烧性能为 A 级的内保温材料。

原因分析：

超高层住宅塔楼设有避难层和避难间，由于对建筑设计防火规范认识不足，东、西外墙内保温材料采用了非 A 级的挤塑聚苯乙烯泡沫板（XPS）。

改进措施：

外墙内保温采用挤塑聚苯乙烯泡沫板（XPS）位置经阻燃处理并且设置不燃材料做防护层，防护厚度不少于 10mm。

厨房、楼梯间、避难层、避难间等场所房间的东西向外墙，当使用内保温时可采用无机保温腻子（燃烧性能 A 级）或玻化微珠无机保温砂浆（燃烧性能 A 级）外墙；不采用内保温时，其东西向外墙可采用隔热反射涂料或钢筋混凝土外墙，以上两种构造做法均能满足《建筑设计防火规范》GB 50016—2014（2018 年版）第 6.7.2 条的规定。

问题【4.4.41】

问题描述：

建筑平面使用功能不明确的用房布置为库房或储藏间，未加任何说明。

原因分析：

设计人员对库房或储藏间的防火要求不清晰。

应对措施：

库房或储藏间应注明储存物品的火灾危险性分类，并采取相应的防火设计措施。

问题【4.4.42】

问题描述：

防火墙应直接设置在建筑基础或框架梁等承重结构上，承重结构不应低于防火墙的耐火极限。应在建筑图纸上表达。

原因分析：

建筑图纸表达深度不够，未在图纸上补充相应节点做法。

改进措施：

图纸上需补充相应部位节点做法（如图 4.4.42 所示）。

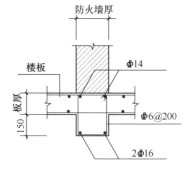

图 4.4.42　防火墙下设置梁构造
大样图

问题【4.4.43】

问题描述：

地下室男女卫生间房间面积大于 50m²，未设置 2 个疏散门，不满足规范要求。

原因分析：

核对房间疏散门数量时忽略了卫生间。

改进措施：

1）两个疏散口的最近距离不小于 5m。

2）每个房间面积划分不超过 50m² （如图 4.4.43 所示）。

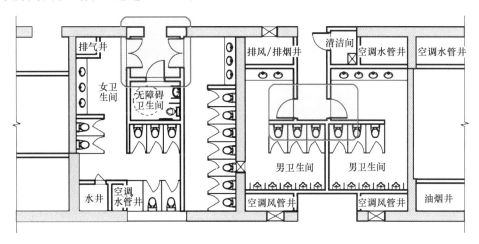

图 4.4.43　案例示意

问题【4.4.44】

问题描述：

高层建筑，消防车登高操作场地对应立面设置的救援窗，钢化玻璃、夹丝玻璃、中空 Low-E 玻璃是否都属于易破碎玻璃？

原因分析：

《建筑设计防火规范》GB 50016—2014 （2018 年版）没有细化。

应对措施：

消防救援窗的玻璃应易于破碎，不得选用夹层或夹胶玻璃以及超厚的钢化玻璃，宜选用半钢化玻璃或普通安全玻璃。因为玻璃是否易于击碎与玻璃的表面应力和厚度有关，表面应力越大、厚度越厚的玻璃越不易击碎，钢化玻璃的表面应力约是普通玻璃的 4～5 倍。采用其他方式的外窗、门或开口，均应能在外部易于开启。

问题【4.4.45】

问题描述：

下沉广场内不同防火分区之间的开口距离需满足水平方向 2m、转角 4m 的防火要求；当距离不足时，可采取乙级防火窗，满足《建筑设计防火规范》GB 50016—2014 （2018 年版）第 6.1.3 条、第 6.1.4 条的要求（如图 4.4.45 所示）。

原因分析：

地下商业以下沉广场作为疏散是目前通用设计手法，为了更好地满足广告宣传的要求，商业外

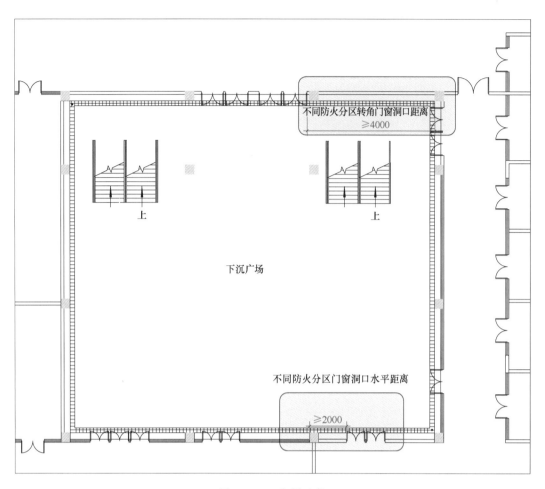

图 4.4.45　案例示意

墙通常做玻璃门窗；下沉广场周边防火分区会利用下沉广场作为安全疏散出口，出口部位之间的距离会出现不满足该条规定的情况。

如果不同防火分区之间的开口距离不满足最小水平与转角防火距离要求，极易引起火灾蔓延及人员疏散的恐慌。

应对措施：

平面图纸必须标注不同防火分区通向下沉庭院的安全出口之间的距离；不满足时，设置乙级防火窗，同时加强互校及校审。

第5章 排 水 设 计

5.1 地下室防水

问题【5.1.1】

问题描述：

地下车库坡道地面入口处截水沟设计不当，雨季雨水进入地库（如图5.1.1所示部位）。

原因分析：

截水沟设计位置及构造不当，反坡低点处无法完全及时排水。

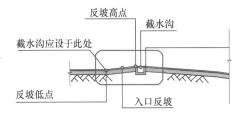

图5.1.1 坡道出入口剖面

应对措施：

1）施工图设计时要正确设置排水沟位置。如条件允许，地库入口标高宜高于周边道路标高，或设反坡，避免雨水倒灌。

2）在车道反坡低点前设置排水沟，排水沟尺寸加大；水专业排水管适当加大。

3）加大水箅子的过流量，如选择格构钢水箅子。

问题【5.1.2】

问题描述：

地库内部车道处设排水沟，排水沟箅子容易损坏（如图5.1.2所示）。

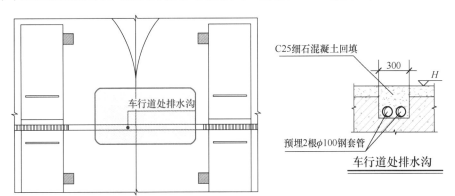

图5.1.2 案例示意

原因分析：

1）水沟盖板质量较差，承重力较低而易断裂；

2）排水沟边缘（水沟盖板基座）施工不牢固，许多未采用混凝土浇筑而是用砂浆抹成；

3）水沟盖板两边收边的角钢宽度过小，安装不牢固，经车轮碾压多次后砂浆易碎，导致水沟盖板基座变形、架空，并且产生较大的噪声。

应对措施：

1）在满足排水前提下可以考虑将车道上排水沟改造为暗埋管，减少后期箅子维修更换情况。

2）行车通道位置采用预埋 2 根 $\phi 100$ 的钢管过水，面层同地库面层。

3）尽量在地库车道两侧设排水沟。

5.2　外墙防水

问题【5.2.1】

问题描述：

室外降板与梁交接位置，面积小，形成积水（如图 5.2.1-1 所示）。

图 5.2.1-1　案例示意

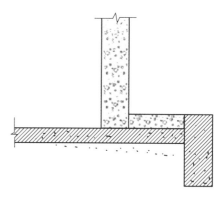

图 5.2.1-2　案例示意

原因分析：

卫生间做降板处理，楼板直接搭在梁上，但是外墙在梁内侧，造成墙外侧有凹口，容易形成积水。

应对措施：

用细石混凝土填平并向外侧找坡，平面上同时做外墙防水（图 5.2.1-2）。

5.3　屋面防排水

问题【5.3.1】

问题描述：

屋面排水沟跨越变形缝，造成漏水。

原因分析：

设计人（建筑专业、给排水专业）对变形缝构造不清楚，设计原则错误。

应对措施：

在变形缝两侧分别设计排水口，在屋面上做反坎式变形缝，排水沟在变形缝位置断开。

问题展开：平屋面排水不能跨越变形缝，如果跨越要特殊设计。

问题【5.3.2】

问题描述：

种植屋面防水层的泛水高度不足，造成后期景观实施困难及漏水。

原因分析：

建筑图上注明泛水高度为完成面上翻 300mm。但是屋面上实际标高复杂，后期景观深化设计后，完成面标高是变化的。现场防水是先期施工，不知道最后完成面标高，上翻 300mm 成为空话。

应对措施：

建筑设计外墙大样时，先与景观协调出一个泛水标高值，在图上直接明确注明泛水顶的标高，这样给景观、结构、机电、造价及总包都提了基本条件，完善设计。

问题【5.3.3】

问题描述：

地下室顶板与首层幕墙交接处的防水处理易被忽略。

原因分析：

建筑与幕墙、结构专业之间配合不到位。

应对措施：

建筑专业与幕墙协调后，交接处要向结构专业提出增设混凝土反坎等要求，为铺设地库顶板防水材料预留条件。

意见：建议增加节点剖面图，完善构造设计。

问题【5.3.4】

问题描述：

公共建筑单体之间的露天连桥的落水管外露，影响立面美观。

原因分析：

公共建筑单体之间的露天连桥柱子间距较大，雨水的落水口位置可能离柱子较远，导致落水管无法依靠，并且外露。

应对措施：

立面设计中局部增加装饰方通，把落水管置于方通内，既为落水管提供依靠物，也对其进行了遮蔽，可优化立面效果（如图5.3.4所示）。

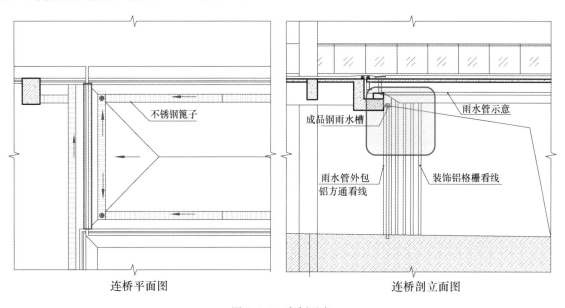

不锈钢篦子

成品钢雨水槽

雨水管示意

雨水管外包
铝方通看线

装饰铝格栅看线

连桥平面图   连桥剖立面图

图5.3.4 案例示意

问题【5.3.5】

问题描述：

屋面排水找坡距离大，导致女儿墙局部高度不足。

原因分析：

当屋面排水找坡长度过大时，建筑找坡层最高处厚度加大。

应对措施：

排水坡长一般不宜超过9m，屋面排水找坡设计应结合雨水斗布置优化找坡方向，增加排水点或改为双侧找坡，从而减小建筑找坡厚度。

问题【5.3.6】

问题描述：

屋顶绿化应预先全面调查建筑的相关指标和技术资料，根据屋顶的承重，准确核算各项施工材料的重量和一次容纳游人的数量。在建筑设计时统筹考虑，以满足不同绿化形式与对应的海绵措施，及对于屋顶荷载和防水的不同要求。

原因分析：

种植景观屋顶，结构荷载设计不足。

改进措施：

以突出生态效益和景观效益为原则，根据不同植物对基质厚度的要求，通过适当的微地形处理或种植池栽植进行绿化。

绿化植物基质厚度要求见表 5.3.6-1。

不同植物类型基质厚度参考值　　　　　　　　　　　　　　表 5.3.6-1

植物类型	规格 /m	植物生存所需基质厚度 /cm	植物发育所需基质厚度 /cm
乔木（带土球）	3.0～10.0	60～120	90～150
大灌木	1.2～3.0	45～60	60～90
小灌木	0.5～1.2	30～45	45～60
地被植物、草坪	0.2～0.5	15～30	30～45

参考《园林绿化工程施工及验收规范》CJJ/T 82—2012。

在基于绿化种植条件下，顶板上设置海绵措施覆土要求见表 5.3.6-2。

不同海绵类型覆土要求参考值　　　　　　　　　　　　　　表 5.3.6-2

海绵类型	覆土要求/m	调蓄深度/m
雨水花园	1.2～1.5	0.30
下凹绿地	0.6～0.9	0.15～0.20

参考《海绵城市建设技术指南》。

问题【5.3.7】

问题描述：

工程做法里种植屋面应为一级防水设防，且必须设置一道具有耐根穿刺性能的防水材料。防水技术规程中对于种植屋面有明确要求，需按一级防水设防，且需采用耐根穿刺的防水材料，厚度和胎基均有要求，而不是防水材料加注耐根穿刺即可（如图 5.3.7 所示）。

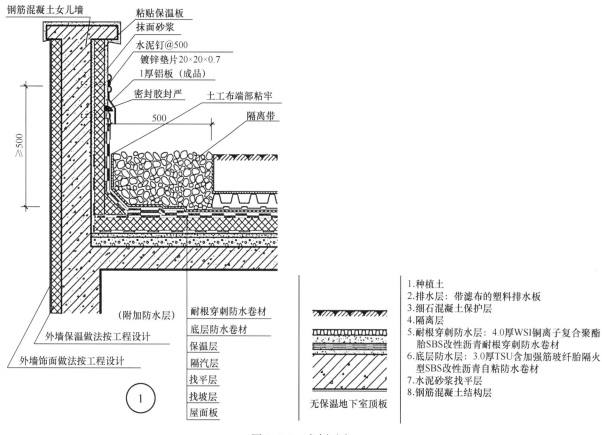

1. 种植土
2. 排水层：带滤布的塑料排水板
3. 细石混凝土保护层
4. 隔离层
5. 耐根穿刺防水层：4.0厚WSI铜离子复合聚酯胎SBS改性沥青耐根穿刺防水卷材
6. 底层防水层：3.0厚TSU含加强筋玻纤胎隔火型SBS改性沥青自粘防水卷材
7. 水泥砂浆找平层
8. 钢筋混凝土结构层

无保温地下室顶板

图 5.3.7 案例示意
（引用自《屋面防水系统建筑构造（一）》17CJ36-1）

原因分析：

设计人对防水技术规程不够了解。

应对措施：

针对种植屋面技术规程，在表达种植屋面工程做法时，需注意无论是地下室还是地上部分的建筑屋面，种植屋面卷材均应采用耐根穿刺型防水卷材，卷材厚度根据实际使用材料确定，如弹性体及塑性体改性沥青防水卷材厚度不应小于 4mm，聚氯乙烯防水卷材厚度不应小于 1.2mm。

问题【5.3.8】

问题描述：

平屋面排水找坡几何关系表达错误；屋面存在积水点（如图 5.3.8-1 所示）。

原因分析：

1）相同坡度相交的汇水线表示位置错误；

2）长短坡标注同一坡度；

3）排水口不在檐沟最低处，屋面出现低注积水点或排水死角。

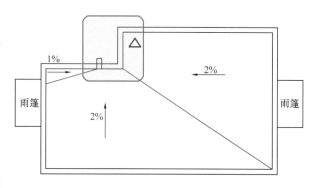

图 5.3.8-1 屋面排水设计问题案例

应对措施：

改进示意（一）：

1）相同坡度相交天沟线成 45°；

2）排水口位于天沟底部最低处；

3）死角设置反坎，避免积水点。

改进示意（二）：

1）设置两个排水口；

2）当 $b<a$ 时可减小屋面找坡厚（如图 5.3.8-2 所示）。

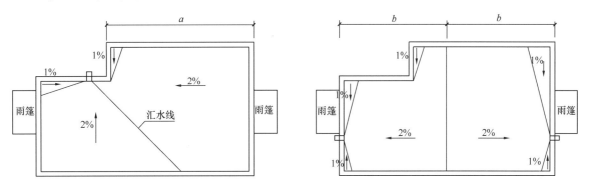

图 5.3.8-2　屋面排水改进

5.4　室内空间防排水

问题【5.4.1】

问题描述：

在住宅项目设计过程中，卫生间顶棚应设防潮层这一点常常被忽略。

原因分析：

设计师设计时主要依据地方标准或省标防水规范，疏漏了《住宅室内防水工程技术规范》JGJ 298—2013 第 5.2.1 条规定"卫生间顶棚应设置防潮层"（本条为强制性条文）及第 4.6.1 条规定"顶棚宜采用防水砂浆、聚合物水泥防水涂料做防潮层"。

应对措施：

应遵循规范要求，在卫生间顶棚无封闭吊顶时，采用规定的防水砂浆、聚合物水泥防水涂料做防潮层（如图 5.4.1 所示）。

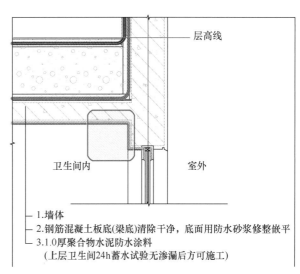

1.墙体
2.钢筋混凝土板底(梁底)清除干净，底面用防水砂浆修整嵌平
3.1.0厚聚合物水泥防水涂料
　（上层卫生间24h蓄水试验无渗漏后方可施工）

图 5.4.1　案例示意

问题【5.4.2】

问题描述：

屋面排水口设置位置不合理，导致下层空间出现大量横管，影响空间净高及美观。

原因分析：

屋面排水口远离柱子或外墙，到下层后需要拉一段横管才能拉到柱边或外墙下去，由于雨水为重力排水，横管需要找坡，从而影响下部空间净高和美观。

应对措施：

屋面排水口的设置应尽量结合外墙或柱边，减少横管。

问题【5.4.3】

问题描述：

报警阀室地面未设计防水，门口未设置挡水措施。

原因分析：

设计忽略报警阀室是属于多水房间，楼地面做法应按多水房间考虑。

应对措施：

墙体基部 200～300mm 高设置混凝土反坎，门口设置门坎、室内外设高差或室内多水区域采取围堰等挡水措施，地面或楼面做法应采用防水做法，排水向地漏找坡。

5

第6章 安全、卫生、无障碍设计

6.1 建筑安全

问题【6.1.1】

问题描述：

地库设计中，因使用或管理上的需要，部分垂直电梯仅到达首层或者地下一层，位于基坑下方的下层空间设计为其他可进人的功能空间，未做安全防护措施设计。

原因分析：

不熟悉规范《电梯制造与安装安全规范》GB 7588—2003 第5.5条：

"位于轿厢与对重（或平衡重）下部空间的防护：

如果轿厢与对重（或平衡重）之下确有人能够到达的空间，井道底坑的地面至少应按 $5000N/m^2$ 荷载设计，且：

a）将对重缓冲器安装于（或平衡重运行区域下面）一直延伸到坚固地面上的实心桩墩；或

b）对重（或平衡重）上装设安全钳。

注：电梯井道最好不设在人们能到达的空间上面。"

建筑图纸中未作特殊说明提醒或是完全参考厂家深化图纸并未对深化图纸进行认真审核确认。

应对措施：

在建筑专业电梯详图或建筑专业总说明的电梯专项条目中，应做文字备注说明"设安全钳装置或井道下方（直至底板标高）作封闭空间处理"，同时加强与建设方和电梯厂家的沟通校核工作，避免发生故障使轿厢超速甚至坠落冲击楼板造成人员伤亡及设备损坏。

问题【6.1.2】

问题描述：

在公共建筑方案设计阶段由于未考虑玻璃幕墙对应地面出入口及人员通道的保护措施，常有需要后期补充雨篷、影响立面造型的问题。

原因分析：

幕墙下方未设置防冲击雨篷、总图景观在幕墙下方未设置绿化隔离带、车库未设置防坠措施。住房城乡建设部和安监总局建标［2015］38号（2015年3月4日）文规定：

6

（三）人员密集、流动性大的商业中心，交通枢纽，公共文化体育设施等场所，临近道路、广场及下部为出入口、人员通道的建筑，严禁采用全隐框玻璃幕墙。以上建筑在二层及以上安装玻璃幕墙的，应在幕墙下方周边区域合理设置绿化带或裙房等缓冲区域，也可采用挑檐、防冲击雨篷等防护设施。

应对措施：

方案设计阶段结合立面风格在幕墙下方人行区域增加防冲击雨篷或者设置绿化隔离带。

问题【6.1.3】

问题描述：

某住宅项目，首层架空做休闲兼社区用房，社区服务中心的大门上方为住宅阳台，阳台长短边下均有人员通过，防坠落雨篷仅设置于住宅阳台正面长边方向，侧面短边方向未考虑设置，存在安全隐患。

原因分析：

不熟悉《住宅设计规范》GB 50096—2011 第 6.5.2 条：位于阳台、外廊及开敞楼梯平台下部的公共出入口，应采取防止物体坠落伤人的安全措施。

应对措施：

首层出入口上方阳台长短边下均有人员通过时，阳台外周圈应设置防坠落雨篷。

问题【6.1.4】

问题描述：

某项目屋面上反梁高出屋面完成面，反梁顶形成可踏面，造成局部女儿墙防护高度不够，存在安全隐患。

原因分析：

设计中经常忽略屋面上反梁、变形缝、风道等特殊位置，出现可踏面，导致屋面女儿墙或防护栏杆局部高度不够（如图 6.1.4 所示）。

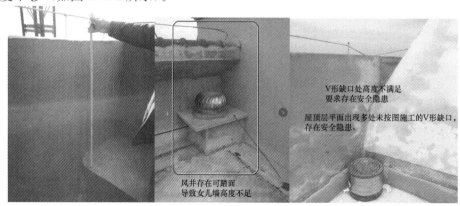

图 6.1.4　案例示意

应对措施：

1）反梁垂直女儿墙处设砌体（至少1.0m长），高度同女儿墙，防止攀爬。

2）在可踏面处女儿墙内侧局部加设护栏，高度从可踏面起算。

问题【6.1.5】

问题描述：

某商业项目，三层走廊有高差处，局部窗台位置高度不满足规范要求（如图6.1.5所示）。

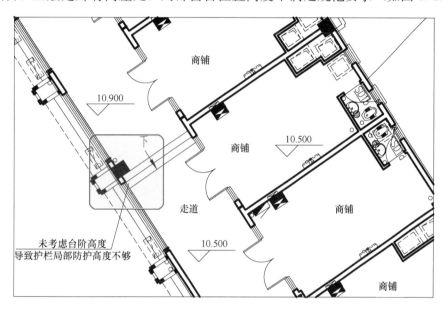

图6.1.5 案例示意

原因分析：

首层、二层和顶层位置，台阶向上方向，踏步上行有外窗的位置，易造成窗、栏杆净高不足。

应对措施：

局部窗台高度不足处，室内增加栏杆，满足安全防护要求。

问题【6.1.6】

问题描述：

某住宅项目顶层楼梯间出屋面位置栏杆防护高度不足（如图6.1.6-1，图6.1.6-2所示）。

应对措施：

按规范要求，核对临空处防护高度，各处均应满足规范要求，可局部加高栏杆。

6

图 6.1.6-1　案例示意　　　　　　　　　　图 6.1.6-2　案例示意

问题【6.1.7】

问题描述：

某住宅，防护栏杆下部 200mm 高处有可攀爬的水平横撑，不满足规范要求，存在安全隐患（如图 6.1.7 所示）。

栏杆高度从可踏面算起

图 6.1.7　案例示意

应对措施：

栏杆宜选用无横向花饰或构件的类型；栏杆若有横撑，从横撑顶部起算防护高度；栏杆若有花饰，可加设玻璃背衬。栏杆设计可参照下面的要求：

《建筑防护栏杆技术标准》JGJ/T 470—2019 第 4.2.3.2 条："住宅、托儿所、幼儿园、中小学及供少年儿童独自活动的场所，直接临空的通透防护栏杆垂直杆件的净间距不应大于 110mm 且不宜小于 30mm；应采取防止少年儿童攀登的构造；该类场所的无障碍防护栏杆，当采用双层扶手时，下层扶手的高度不应低于 700mm，且扶手到可踏面之间不应设置少年儿童可登援的水平构件。"

其条文解释为："为避免发生安全事故，本条内容规定了对建筑防护栏杆进行建筑设计时，应注意的事项：1. 为防止发生儿童坠落事故，在此类少年儿童可独自活动的场所，垂直栏杆杆件净距不应大于 110mm。栏杆应采用防止攀登的构造，如不宜做横向花饰或构件；如果设置，则横向构件（花饰）顶面到可踏部位顶面的水平距离必须大于 600mm 且垂直距离必须大于 700mm，防止儿童从可踏面横跨后攀爬翻越。当采用穿孔类栏板设计时，所有装饰孔不应使手指、手、头等人体部位通过且会造成卡住现象。"

上述托儿所、幼儿园的栏杆高度及间距应以《托儿所、幼儿园建筑设计规范》JGJ 39—2016（2019 年版）第 4.1.9 条为准："托儿所、幼儿园的外廊、室内回廊、内天井、阳台、上人屋面、平台、看台及室外楼梯等临空处应设置防护栏杆，栏杆应以坚固、耐久的材料制作。防护栏杆的高度应从可踏部位顶面算起，且净高不应小于 1.30m。防护栏杆必须采用防止儿童攀登和穿过的构造，当采用垂直杆件做栏杆时，其杆件净距不应大于 0.09m。"

问题【6.1.8】

问题描述：

护窗栏杆有反坎、下端有开启情况的防攀爬问题。

应对措施：

1）护窗栏杆底部横向铝通紧贴反坎面，护栏不要紧贴外窗安装，与内墙平齐安装。

2）为避免验收争议（可攀爬），护窗栏杆的高度按 950mm 控制。

3）设计整体考虑其合理性，避免出现此类问题，如必须设置，需在 100mm 高踢脚线上考虑防攀爬，栏杆的有效防护高度应从护栏横向构件顶面算起（如图 6.1.8 所示）。

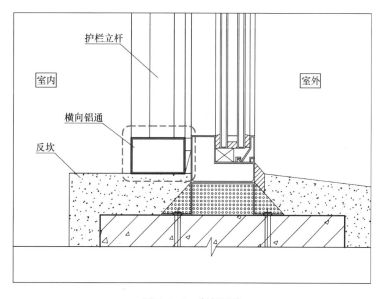

图 6.1.8 案例示意

问题【6.1.9】

问题描述：

某学校项目楼梯梯井宽0.15m，未采取有效安全措施，楼梯扶手未加装防止学生溜滑的设施，不满足规范要求，存在安全隐患。

应对措施：

防攀爬措施，下部不设横向杆件；防溜滑措施，扶手上设小凸起，详见国标图集；防坠落措施，挂网或砌实墙或使栏杆高度满足临空高度。

问题【6.1.10】

问题描述：

某住宅项目，底部二层商业，裙房屋面处临空位置距一层地面9.5m，设1.2m高玻璃栏板，不满足规范要求。

应对措施：

修改为1.2m高的防护栏杆，或栏杆与不承受水平荷载的玻璃栏板组合的样式。

按照《建筑玻璃应用技术规程》JGJ 113—2015第7.2.5条和第7.2.6条，室内栏板用玻璃应符合下列规定：

1 设有立柱和扶手，栏板玻璃作为镶嵌面板安装在护栏系统中，栏板玻璃应使用符合规定的夹层玻璃；

2 栏板玻璃固定在结构上且直接承受人体荷载的护栏系统，其栏板玻璃应符合下列规定：

1）当栏板玻璃最低点离一侧楼地面高度不大于5m时，应使用公称厚度不小于16.76mm的钢化夹层玻璃。

2）当栏板玻璃最低点离一侧楼地面高度大于5m时，不得采用此类护栏系统。

室外栏板玻璃应进行玻璃抗风压设计，对有抗震设计要求的地区，应考虑地震作用的组合效应，且应符合相关规定。

问题【6.1.11】

问题描述：

幼儿经常接触的1.30m以下的室外墙面不应粗糙，室内墙面宜采用光滑易清洁的材料，墙角、窗台、暖气罩、窗口竖边等棱角部位必须做成小圆角。

应对措施：

在外装图中，应有防撞的具体落地做法节点（如图6.1.11所示）。

图 6.1.11　案例示意

问题【6.1.12】

问题描述：

楼梯梯段宽度为三股人流通行，而梯段仅一侧设扶手，不符合《民用建筑设计统一标准》GB 50352—2019 第 6.8.7 条规定。

应对措施：

应按《民用建筑设计统一标准》GB 50352—2019 第 6.8.7 条，根据建筑物的使用特征确定每股人流的宽度，当梯段宽度净宽达到三股人流时应两侧设扶手（加设靠墙扶手），达到四股人流时宜加设中间扶手。

问题【6.1.13】

问题描述：

走廊和楼梯梯段平行贴临布置，仅设了走廊栏杆，梯段缺少一侧栏杆。施工时方才发现遗漏，增加楼梯栏杆后，楼梯疏散宽度不足（如图 6.1.13 所示）。

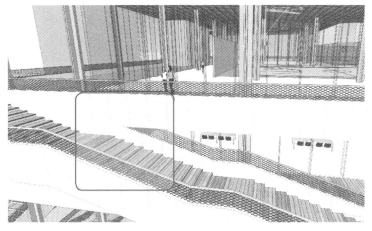

图 6.1.13　梯段缺少一侧栏杆案例

应对措施：

由于外走廊的栏杆高度和楼梯栏杆高度不同，不可以共用，应分别设置，图面上应加以区分。

问题【6.1.14】

问题描述：

设计中天窗底面、玻璃雨篷未采用钢化夹层玻璃。

原因分析：

缺乏"安全玻璃"概念。未区分普通钢化玻璃和钢化夹层玻璃，或不了解钢化夹层玻璃使用位置。根据《建筑安全玻璃管理规定》，安全玻璃主要使用在 7 层及 7 层以上建筑物外开窗、面积大于 $1.5m^2$ 的窗玻璃或玻璃底边离最终装修面小于 500mm 的落地窗、玻璃幕墙、倾斜外窗、各类天窗及采光顶，以及起防护作用的玻璃栏板等，这些均应注明使用安全玻璃。根据《建筑玻璃应用技术规程》JGJ 113—2015 第 8.2.2 条："屋面玻璃或雨篷玻璃必须使用夹层玻璃或夹层中空玻璃，其胶片厚度不应小于 0.76mm。"

应对措施：

在天窗底面、玻璃雨篷等需要设置安全玻璃的位置注明采用钢化夹层玻璃。

问题【6.1.15】

问题描述：

地下室电梯厅出口距离车行道过近，导致存在安全隐患。

原因分析：

该位置是人车交叉的部位，如果电梯厅出口处没有缓冲空间处理，很容易开门碰到行驶的车辆或行驶的车辆撞到从电梯厅开门出来的行人。

应对措施：

1）地下室电梯厅出口处设置一定的缓冲空间，在缓冲空间和车行道之间设置防撞柱，或者通过高差过渡（需考虑无障碍通行坡道）；

2）电梯厅出口处设计安全岛或港湾式停靠区。

问题【6.1.16】

问题描述：

住宅、托幼、中小学等建筑防护栏杆要求不能有可攀登构造。当临空防护栏杆下部为实体翻边，翻边上部再设栏杆，且翻边高度为 450～900mm 时，如何判定是否属于可攀登构造？

原因分析：

对规范理解、运用不够全面。

应对措施：

住宅、托幼、中小学等建筑防护栏杆不能有可攀登构造。当临空防护栏杆下部为实体翻边，翻边上部再设栏杆，且实体翻边高度为 450～900mm 时，翻边的上部也应避免设置可攀登的横向构件。

问题【6.1.17】

问题描述：

"外窗窗台距楼面、地面的净高低于 900mm 时，应有防护措施。"外窗玻璃采用安全玻璃是否算采取了防护措施？

原因分析：

此条做法不完全满足规范要求。根据《建筑玻璃应用技术规程》JGJ 113—2015 第 7.3.1 条，安装在易于受到人体或物体碰撞部位的建筑玻璃，应采取保护措施。第 7.3.2 条规定根据易发生碰撞的建筑玻璃所处的具体部位，可采取在视线高度设醒目标志或设置护栏等防撞措施。碰撞后可能发生高处人体或玻璃坠落的，应采用可靠的护栏。根据《全国民用建筑工程技术措施》中第 10.5.2 条规定，低于规定窗台高度应采取防护措施（如：采用护栏或在窗下部设置相当于栏杆高度的防护固定窗，且在防护高度设置横档窗框）。

应对措施：

1）在低于窗台高度的部位设置带横档的窗框，且该处玻璃应满足《建筑玻璃应用技术规程》JGJ 113—2015 中安全玻璃的相关要求。此种做法类似窗户和玻璃栏板结合设计。

2）依据《建筑玻璃应用技术规程》JGJ 113—2015 第 7.2.1.1 条，采用夹层玻璃。

3）框料要附加水平推力的计算。

问题【6.1.18】

问题描述：

商业建筑中，楼梯间踏步宽、高，能否用《民用建筑设计统一标准》GB 50352—2019 中的其他建筑楼梯的 0.26＋0.175 数值？

原因分析：

对新规范、不同规范的理解、运用不够全面。

应对措施：

依据《民用建筑设计统一标准》GB 50352—2019 第 6.8.10 条，商业建筑应采用"人员密集及竖向交通繁忙的建筑和大中学校楼梯"里的 0.28＋0.175，不应用其他建筑楼梯的 0.26＋0.175 数值。

问题【6.1.19】

问题描述：

上部有建筑的沿街商铺均应设置防坠落雨篷吗？

原因分析：

对新规范、不同规范的理解、运用不够全面。

应对措施：

考虑到高空抛物、坠物时有发生，只要上部有建筑，所有沿街商铺主要出入口处均宜设置防坠落雨篷。

问题【6.1.20】

问题描述：

一栋居住建筑，东西向为楼梯间或储藏、卫生间时，如何细化东西向遮阳措施？

原因分析：

对规范的理解、运用不够全面。

应对措施：

一栋居住建筑，东西向为楼梯间或储藏、卫生间时，建议可适当减少隔热措施，可不按主要使用功能用房对待。

问题【6.1.21】

问题描述：

住宅凸窗开启扇低于防护栏杆时，开启扇的横档存在安全隐患，易造成无意识攀爬（如图6.1.21所示）。

原因分析：

由于住宅外窗有开启扇面积要求，在满足面积规定要求时，开启扇底边往往会低于护窗栏杆的高度。外窗在开启状态下，横档成为可攀爬设施，存在安全隐患。

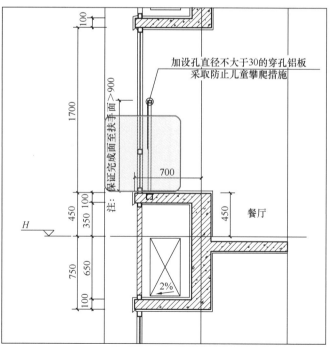

图6.1.21　案例示意

应对措施：

开启扇底边平齐防护栏杆高度设置，以避免此类问题的出现。如不能避免，应在防护栏杆对应开启扇部位加设防护（如加装穿孔板、亚克力板等）措施，同时应满足通风要求。

问题【6.1.22】

问题描述：

建筑主入口设置无障碍出入口，设计按平坡出入口设计，但坡度大于1∶20。

原因分析：

无障碍出入口分为平坡出入口、设置台阶和轮椅坡道的出入口、设置台阶和升降平台的出入口。设计人员混淆平坡出入口和轮椅坡道出入口的要求，按平坡出入口设计，但坡度按轮椅坡道的坡度设计，且未按规定设置扶手。

应对措施：

在设计无障碍入口时，如高差不大，按平坡出入口设计，坡度不应大于1∶20；如高差较大，则按台阶加轮椅坡道的要求设计。

6.2　健康及卫生要求

问题【6.2.1】

问题描述：

高层及超高层办公建筑，为追求较高的使用率，通常会尽量压缩核心筒面积，核心筒内的公共卫生间面积更是压缩到极致，甚至不符合规范要求，如未设前室、视线受到干扰等，造成使用不便。

原因分析：

设计人员对于规范中的非强制性条文重视不够，对规范细节疏忽。《办公建筑设计标准》JGJ/T 67—2019中有如下规定：

4.3.5　公用厕所应符合下列规定：

1）公共厕所服务半径不宜大于50m；

2）公共厕所应设前室，门不宜直接开向办公用房、门厅、电梯厅等主要公共空间，并宜有防止视线干扰的措施；

3）公共厕所宜有天然采光、通风，并应采取机械通风措施。

《民用建筑设计统一标准》GB 50352—2019中也有如下规定：

6.6.3　厕所、卫生间、盥洗室和浴室的平面布置应符合下列规定：

1）厕所、卫生间、盥洗室和浴室的平面设计应合理布置卫生洁具及其使用空间，管道布置应相对集中、隐蔽。有无障碍要求的卫生间应满足国家现行有关无障碍设计标准的规定。

6

2）公共厕所、公共浴室应防止视线干扰，宜分设前室。

3）公共厕所宜设置独立的清洁间。

4）公共活动场所宜设置独立的无性别厕所，且同时设置成人和儿童使用的卫生洁具。无性别厕所可兼做无障碍厕所。

应对措施：

在优化设计的同时要兼顾使用的需求，并应遵守相关规范的要求。

问题【6.2.2】

问题描述：

布置男女卫生间的时候，对洁具数量考虑失衡，未根据使用人数进行洗手盆及大小便蹲位数量的计算（如图 6.2.2 所示）。

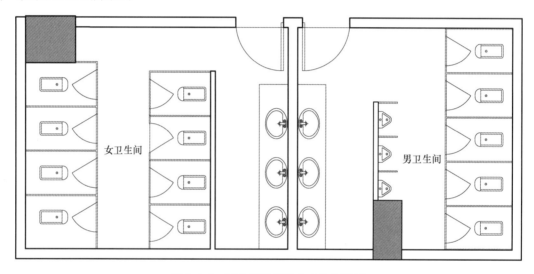

图 6.2.2　卫生间洁具数考虑失衡案例

原因分析：

设计人员对卫生间洁具配置数量不熟悉，对卫生间洁具内部布置不够重视。

应对措施：

根据《城市公共厕所设计标准》CJJ 14—2016 或者相关的建筑设计规范，结合使用人数获得所需卫生间洁具配置数量，并合理进行布置。

问题【6.2.3】

问题描述：

居住建筑平面布局不能满足每户至少应有一个居住房间通风开口和通风路径设计自然通风要求，不满足《夏热冬暖地区居住建筑节能设计标准》JGJ 75—2012 第 4.0.14 条的要求。

原因分析：

自然通风。规范对通风开口和有效通风路径有专门要求，在规范的条文解析中有详细解析。对该条文解析没有深入了解。

应对措施：

对该条文解析仔细研读，需了解规范对自然通风有效通风路径的要求。

问题【6.2.4】

问题描述：

居住建筑外窗（包括阳台门）通风开口小于房间地面10%或外窗面积45%，不满足《夏热冬暖地区居住建筑节能设计标准》JGJ 75—2012第4.0.13条的要求。

原因分析：

规范修订前要求的是可开启面积，规范修订后改为通风开口面积，比例也由8%提高为10%。窗的可开启面积不等同通风开口面积。窗开启方式不同决定通风开口面积大小。施工图设计在门窗大样设计时，窗的开启扇普遍做得偏小。住宅大户型客厅的阳台门，一般采用推拉对开，通风开口面积达不到门面积45%，也小于客厅地面面积10%。

应对措施：

在施工图设计绘制门窗大样时，对窗的实际有效通风开口面积与窗面积或房间比例进行复核，尤其是客厅阳台门。

6.3 无障碍设计

问题【6.3.1】

问题描述：

轮椅坡道的坡度取值不满足规范。

原因分析：

设计人对无障碍坡道坡度及坡长理解不到位，往往凭感觉取值1：12的坡度，未考虑坡长过长需要设置中间休息平台。

应对措施：

严格按《无障碍设计规范》GB 50763—2012表3.4.4的要求，根据轮椅坡道的最大高度，合理取值对应的坡度和坡长。

问题【6.3.2】

问题描述：

某项目无障碍设计中设置了无障碍电梯、无障碍卫生间、无障碍入口等内容，但是无障碍通道

6

上设置了台阶，无法满足轮椅通行要求。

原因分析：

对无障碍设计规范及做法不熟悉。

应对措施：

设计在进行无障碍设计时应核查整个无障碍路线上所有相关设置是否符合《无障碍设计规范》GB 50763—2012 的要求，特别是容易遗漏的一些通道上的高差处理，需要采用无障碍坡道进行衔接。

问题【6.3.3】

问题描述：

首层出入口和公共卫生间入口需要考虑无障碍设计。出入口有台阶高差，忘记设置无障碍坡道，外开门的平台大于等于 2000mm。门槛高度大于 15mm 时未按斜面处理，无障碍卫生间门宽不满足 800mm 净宽要求，无障碍通道宽度小于 1.5m。公共外门没有按无障碍门设置（如图 6.3.3 所示）。

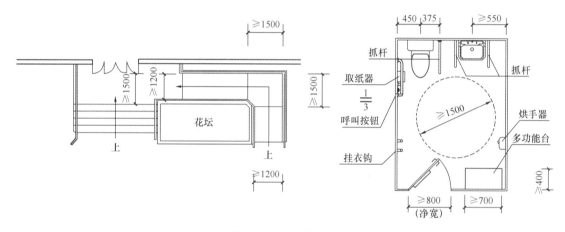

图 6.3.3　案例示意

原因分析：

规范不熟悉以及出图时疏漏。

应对措施：

无障碍设计规范中，要求首层出入口、无障碍用房及卫生间出入口等部位需满足对应的无障碍设计要求。首层出入口处，若设为无障碍主要出入口，需结合高差设置无障碍坡道，轮椅坡道净宽不小于 1.2m，坡道高差超过 0.3m 时，坡度按表执行。

入口处门全开启后平台净宽不小于 1.5m，且门槛高差小于 15mm 时，需设置斜坡过渡。无障碍出入口上方需设置雨篷。无障碍门不能采用力度大的弹簧门，门开启后通行的净宽度不应小于 800mm，门扇应设距地 900mm 的门把手。

无障碍卫生间出入口通道应能满足轮椅回转，回转直径不小于 1.5m，当采用平开门时，门宜外开，门开启后净宽不小于 800mm。

轮椅坡道的最大高度和水平长度　　　　　　　　　　　　　表 6.3.3

坡度	1：20	1：16	1：12	1：10	1：8
最大高度(m)	1.20	0.90	0.75	0.60	0.30
水平长度(m)	24.00	14.40	9.00	6.00	2.40

引自《无障碍设计规范》GB 50763—2012

问题【6.3.4】

问题描述：

　　居委会、物业、社区中心等为居民服务场所布置在二层以上且无设计电梯的情况，楼梯没有按无障碍楼梯设计，造成住户投诉（如图 6.3.4 所示）。

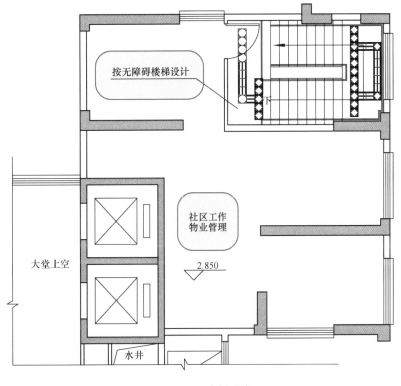

图 6.3.4　案例示意

原因分析：

　　设计人员对《无障碍设计规范》GB 50763—2012 的条文重视不够，未能从人的使用角度考虑问题，对其产生的影响没有预判。

应对措施：

　　施工图设计时，为居民服务的场所布置在二层以上且无设计电梯的情况，至少有一部楼梯应按无障碍楼梯设计。

问题【6.3.5】

问题描述：

无障碍门把手一侧墙面宽度不足 400mm，乘轮椅者无法靠近门把手。

原因分析：

对门的无障碍设计要求理解不够。

应对措施：

门的无障碍设计应符合规范要求，在单扇平开门、推拉门、折叠门的门把手一侧的墙面应设宽度不小于 400mm 的墙面。

问题【6.3.6】

问题描述：

电梯选用贯通门的形式，且作为消防电梯兼无障碍电梯，这样是否可行？贯通门形式的电梯只要满足消防电梯的相关设施要求，允许作为消防电梯使用。但无障碍电梯要求设置盲文按钮、残疾人操作箱、三壁扶手、后壁挂镜，贯通门电梯没有办法设置三壁扶手和后壁挂镜，不满足规范要求，因此无障碍电梯不宜选用贯通门电梯（如图 6.3.6 所示）。

无障碍电梯要求设三壁扶手，后壁挂镜，因此不宜选用贯通门电梯

图 6.3.6　案例示意

原因分析：

设计人员对无障碍电梯的要求不熟悉，只考虑了无障碍电梯的轿厢大小，忽略了轿厢内的设置要求。

应对措施：

宜避免选用贯通门形式的电梯作为无障碍电梯。

问题【6.3.7】

问题描述：

　　某项目地下室无障碍停车位与无障碍电梯厅之间设置有无障碍坡道，坡道两侧防护栏杆选用国标图集《楼梯、栏杆、栏板（一）》15J403-1 图 B14，不满足《无障碍设计规范》GB 50763—2012 第 3.8 节对扶手要求（如图 6.3.7-1 所示）。

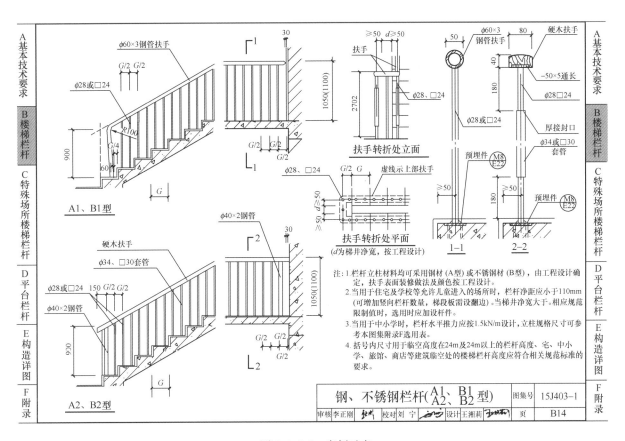

图 6.3.7-1　案例示意

（引自《楼梯、栏杆、栏板（一）》15J403—1 图 B14）。

应对措施：

　　栏杆改为选用无障碍栏杆扶手，选用国标图集《无障碍设计》12J926 第 F8 页双层扶手栏杆做法（图 6.3.7-2）。

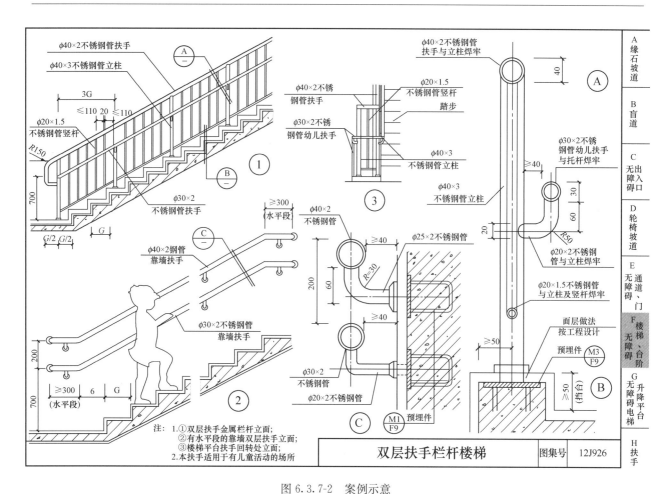

图 6.3.7-2 案例示意
（引自《无障碍设计》12J926 第 F8 页）

6.4 人防设计

问题【6.4.1】

问题描述：

地下公共部位人防门设固定门槛阻碍通行，影响疏散（如图 6.4.1 所示）。

原因分析：

人防设计时，未能考虑平时消防疏散的问题。

应对措施：

人防设计时，也要考虑平时消防疏散，采用活门槛人防门。

图 6.4.1 案例示意

问题【6.4.2】

问题描述：

　　建筑设计中经常遇到人防地下室周边场地标高不同，甚至有坡地的情况，关于人防地下室设计时人防顶板与室外地面关系的问题经常会有很多疑问，如：人防顶板是否能高出室外地面？能高出多少？室外地面如何定义？

原因分析：

　　此问题情况比较复杂，根据《人民防空地下室设计规范》GB 50038—2005 第3.2.15条规定（如图6.4.2所示）：

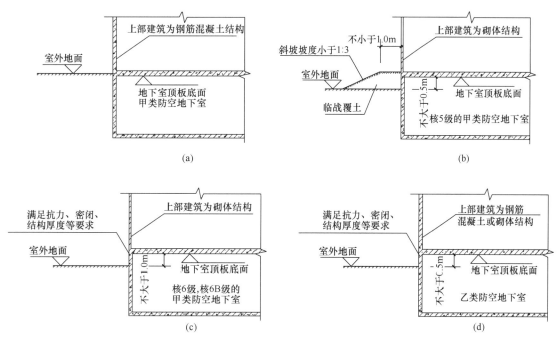

图6.4.2　防空地下室剖面示意

　　1　上部建筑为钢筋混凝土结构的甲类防空地下室，其顶板底面不得高出室外地平面［图6.4.2（a）］；上部建筑为砌体结构的甲类防空地下室，其顶板底面可高出室外地平面，但必须符合下列规定：

　　1）当地具有取土条件的核5级甲类防空地下室，其顶板底面高出室外地平面的高度不得大于0.5m，并应在临战时按下述要求在高出室外地平面的外墙外侧覆土，覆土的断面应为梯形。其上部水平段的宽度不得小于1.0m，高度不得低于防空地下室顶板的上表面，其水平段外侧为斜坡，其坡度不得大于1：3（高：宽）［图6.4.2（b）］。

　　2）核6级、核6B级的甲类防空地下室，其顶板底面高出室外地平面的高度不得大于1.0m，且其高出室外地平面的外墙必须满足战时防常规武器爆炸、防核武器爆炸、密闭和墙体防护厚度等各项防护要求［图6.4.2（c）］。

　　2　乙类防空地下室的顶板底面高出室外地平面的高度不得大于该地下室净高的1/2，且其高出室外地平面的外墙必须满足战时防常规武器爆炸、密闭和墙体防护厚度等各项防护要求［图6.4.2（d）］。

应对措施：

1）上部建筑为钢筋混凝土结构的甲类防空地下室，其顶板底面不得高出室外地平面。室外地平面是指距离人防顶板处四周在一定范围内的所有地面标高（具体按当地人防规定的要求），若为斜坡则需计算到该范围点处标高。

2）上部建筑为砌体结构的甲类防空地下室，其顶板底面可高出室外地平面，但必须符合上述条文的规定。

问题【6.4.3】

问题描述：

坡道起坡位置设有 3m 高人防门并向坡道开启。人防门开启时，门扇特别是门扇上的吊钩会与上部坡道板冲突。需降低人防门的设计高度或调整门的平面位置（如图 6.4.3 所示）。

原因分析：

人防门的设计条件比一般门要求高，平面轨迹比一般门大，门上部设有吊钩对开启范围高度有要求。

应对措施：

人防门等特殊设备，应严格对照相关规范和图集进行设计和复核，加深对规范和图集的理解。设计过程中遇到特殊设备等情况除平面外还应考虑空间上的影响。

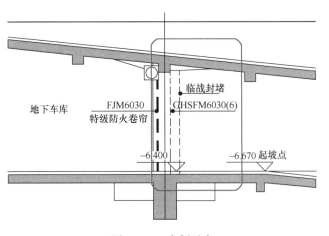

图 6.4.3　案例示意

问题【6.4.4】

问题描述：

用于人防地下室的专用疏散楼梯应直通地面，在地下室时，此楼梯间退红线距离应如何把握？可以退 3m 吗？

原因分析：

各地规划主管部门的要求不一致及《人民防空地下室设计规范》GB 50038—2005 规范要求不明确。

应对措施：

应按照当地规划主管部门明确的规定执行。参考《深圳市建筑设计规则》第 4.2.2 条，地下室外墙面退用地红线应大于 3m。如露出地面墙体高度大于 1.5m 时，按地上退线要求控制。

问题【6.4.5】

问题描述：

汽车坡道出入口处设置的人防门为钢结构双扇防护密闭门，单扇宽度 3m，处于坡道起坡点，向外开启时与上行坡道发生冲突，导致人防门无法开启。

应对措施：

在影响人防门开启的汽车坡道端部，设置可拆卸的预制钢架填平坡道起坡，在人防门开启或关闭时可移动钢架坡道，解决人防门开启与坡道起坡冲突的问题（如图 6.4.5 所示）。

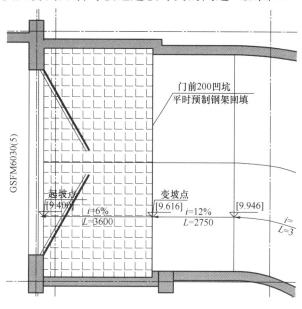

图 6.4.5-1　案例示意

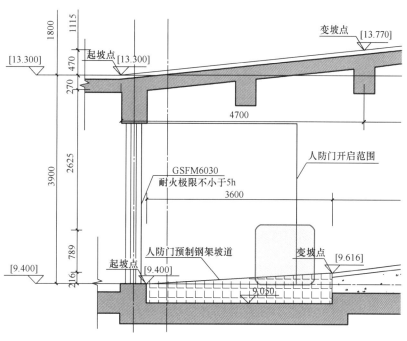

图 6.4.5-2　案例示意

问题【6.4.6】

问题描述：

防火门设置在人防门洞口内，防火门的高度与人防门洞高度不匹配。

原因分析：

在地下室设计中，非人防区地下室防火门的高度一般取值为2.1m，普通单扇人防门一般门洞高为2.0m，防火门设计安装在人防门框内时，由于两者高度不匹配，导致防火门无法安装。

应对措施：

安装在人防门位置的防火门高度应与人防门高度一致（如图6.4.6所示）。

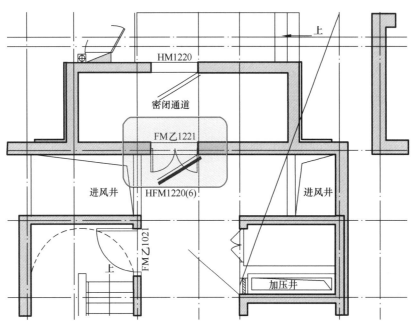

图6.4.6　案例示意

问题【6.4.7】

地下室人防门开启后，导致相邻的车位尺寸不能满足规范要求，影响规划验收及车位指标。

问题描述：

人防门平时为开启状态，人防门厚重，开启后会占用车位空间（如图6.4.7所示）。

原因分析：

人防设计滞后；业主对地下室面积及车位指标精打细算，柱网规整经济，车位数量及地下室布置未留余量。

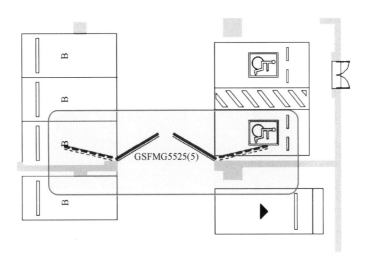

图 6.4.7 人防门遮挡相邻车位案例

应对措施：

1）人防设计与地下室设计尽量做到同步；

2）局部柱网尺寸适当加大，以备后续可调；

3）人防门后的车位改为微型车位或取消（总体车位指标应该稍有余量）。

6

第7章　建筑构造及部位

7.1　楼地面及屋面

问题【7.1.1】

问题描述：

屋面油毡瓦后期维修养护困难，容易翘起和脱落。

原因分析：

屋面油毡瓦由于其自身特性及施工工艺的要求，在遇到寒冷及风沙天气时，容易翘起和脱落，后期维修养护较为困难。

应对措施：

施工图设计时，北方地区气候较干燥和寒冷，且风沙较大，不宜使用屋面油毡瓦。

问题【7.1.2】

问题描述：

阳台（露台）下方为室内空间，阳台建筑构造做法仍然按普通阳台楼面防水做法，不满足建筑节能要求和屋面防水要求。如果按照阳台构造做法的厚度来考虑降板，后期发现为屋面做法，则室外建筑完成面会高出室内建筑标高。

原因分析：

设计时忽略了特殊部位阳台下方的建筑功能，节能计算建模时未进一步提醒。

应对措施：

阳台下方为室内功能房间，应按露台屋面构造做法设计，需要考虑保温隔热和防水要求。同时应注意屋面的厚度，尽量避免室外建筑完成面高于室内建筑地坪。

问题【7.1.3】

问题描述：

车库坡道设计为曲线双车道时，曲线内侧车道纵向坡度过大。

原因分析：

设计时按照曲线双车道总宽度的中心线控制设计坡度，产生了错误。

应对措施：

设计曲线双车道汽车坡道时应按两个车道划分，以曲线内车道的中心线控制坡道最大坡度。

问题【7.1.4】

问题描述：

位于房间上方的汽车坡道露天敞开段缺防水做法。

原因分析：

位于房间上方的汽车坡道露天敞开段，未考虑下方房间屋面的防水问题。

应对措施：

汽车坡道结构板面设置防水层，可采用聚合物防水砂浆与渗透结晶防水涂料结合的防水层，再做细石混凝土面层。

问题【7.1.5】

问题描述：

采用倒置式屋面做法，在屋面的材料做法表中，保温层厚度按照节能计算结果数值标注，未增加 25% 的厚度，导致节能验收不符合要求。

原因分析：

倒置式屋面构造做法为了保护屋面防水及保温层，通常在保温及防水层上方设置混凝土保护层，考虑到保护层对保温层的压缩及后续使用可能存在的潮气侵入等因素可能造成保温性能降低，故节能要求屋面保温材料应在节能计算所需厚度的基础上加厚 25%。

应对措施：

材料做法中保温厚度按计算值增加 25% 的厚度标注，同时注明："倒置式屋面保温层厚度按计算厚度增加 25%，且最小厚度不小于 25 厚"。

7.2　内外墙及门窗

问题【7.2.1】

问题描述：

防雨百叶尺寸和位置反映在立面上易被忽视，影响立面效果。

原因分析：

防雨百叶尺寸及位置常标记在平面图上，建筑专业未复核结构梁高等条件，导致立面图上出现效果不佳或尺寸不满足的情况。

应对措施：

建筑专业应结合结构暖通专业图纸与需求，提前在立面图上复核。

问题【7.2.2】

问题描述：

地下风井在首层开百叶时在立面采用满开百叶的形式，未考虑距地高度要求，导致风口底边与地面垂直距离不足 2m，不满足一些当地规定如《深圳市建筑设计规则》第 5.4.5 条、《民用建筑供暖通风与空气调节设计规范》GB 50736—2012 第 6.3.1 条的要求。

原因分析：

1）立面效果要求（分格要整齐对位等）；

2）设计人员对规范不熟悉（如图 7.2.2 所示）。

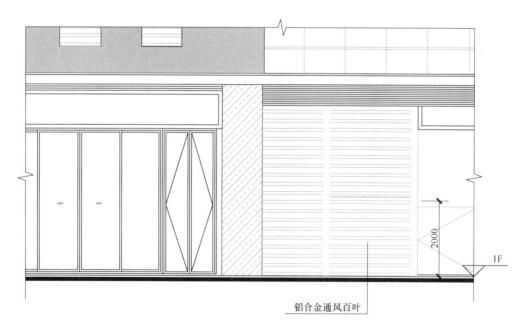

铝合金通风百叶

图 7.2.2　案例示意

应对措施：

1）加强审校，严格执行规范。

2）可以考虑表面装饰与风口设计为两层皮。功能性风口的面积满足排风量要求，位置满足规范要求；装饰性表皮罩面通透范围大于功能性风口范围，形式满足审美要求即可。

问题【7.2.3】

问题描述:

　　高档住宅、中小学校等建筑立面在方案设计中使用玻璃幕墙效果,但违背了当地或国家设计规范中关于住宅和中小学建筑不应使用玻璃幕墙的要求。

原因分析:

　　高档住宅、中小学校等建筑为了立面效果更加突出,方案设计时使用大片玻璃的效果,未引起重视,在深化设计的时候面临与规范中禁止此类建筑使用玻璃幕墙的规定冲突的问题,但同时需尽量保持方案的外立面效果。

应对措施:

　　采用假幕墙的窗系统构造方式解决,例如图 7.2.3 中住宅立面呈现为玻璃幕墙效果,但构造上的窗户仍由结构板承托,结构挑板外用铝板装饰,类似幕墙的横梃,凸窗处则用玻璃封闭,整体形成类幕墙的立面效果。

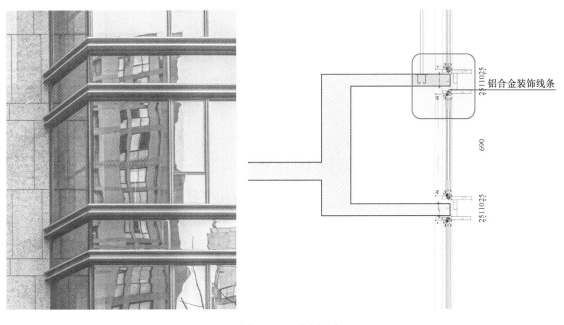

图 7.2.3　案例示意

问题【7.2.4】

问题描述:

　　公共建筑一层采用石材幕墙,立面设计上有石材幕墙向内侧倾斜的效果,且位于人行出入口上方,石材自重大,存在坠落的可能性,安全隐患大。

原因分析:

　　建筑造型设计上需要采用倾斜的设计手法,以达到整体建筑构思的需求。

应对措施：

立面材料的选择中，可把倾斜的石材改为轻质的蜂窝石材或采用其他措施，既能保证立面外观的一致性，又能保证安全性（如图 7.2.4 所示）。

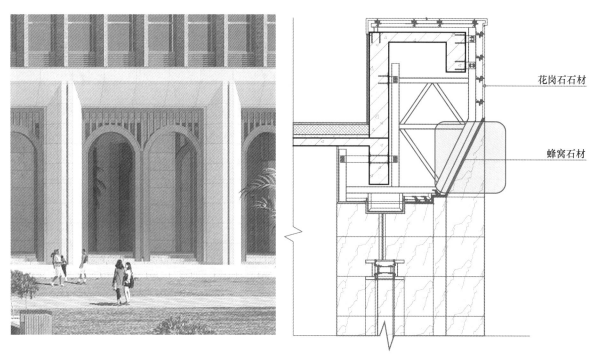

花岗石石材

蜂窝石材

图 7.2.4　案例示意

问题【7.2.5】

问题描述：

高层办公楼经常会采用全玻璃幕墙的外立面，方案阶段效果很好。但内部各种机房需直接对外进排风，立面需设置防雨百叶，就会使得外立面上像打了补丁一样（如图 7.2.5 所示）。

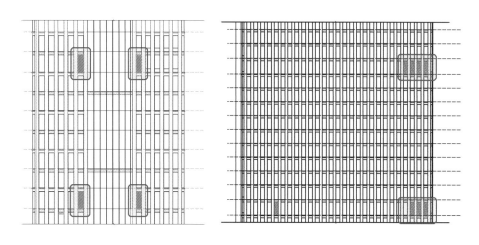

图 7.2.5　案例示意

7

原因分析：

设计前期很少会考虑设备房的布置。深化过程中，设备房按照最方便的方式布置，位置、风口尺寸一般很难做到统一。建筑图有时又会遗漏表达百叶，没有做到统一控制，从而使得立面上的百叶位置分散、大小不一，效果欠佳。

应对措施：

前期方案或初设阶段应将设备百叶的位置考虑进去，立面上进行综合优化。对于比较重要的展示面，应事先告知机电专业，布置风口时避开此部分立面。确定了百叶尺寸后，建筑应统筹协调外立面效果和机电专业的需求，使得最终呈现效果为最优解。

问题【7.2.6】

问题描述：

楼梯间梯板紧贴玻璃幕墙，建筑专业未同结构专业同时沟通梯柱做法，同时专业内分工之间沟通也不足，造成梯柱影响玻璃幕墙安装（如图 7.2.6 所示）。

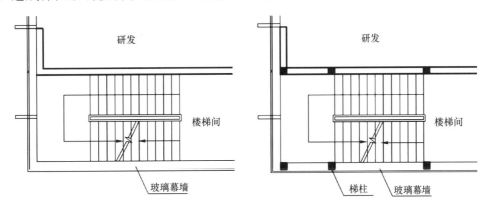

图 7.2.6　案例示意

原因分析：

建筑专业做大平面设计人员与做详图设计人员沟通不足；结构专业做大平面设计人员跟做详图设计人员沟通不足。同时建筑、结构专业两个专业图纸之间缺乏系统核对。

应对措施：

建议结构专业将梯柱等竖向构件表达在大平面图上，建筑专业采用外参形式引用结构竖向构件。做建筑详图人员应该将梯柱信息套在建筑详图上，同时加强各专业之间的图纸核对。

问题【7.2.7】

问题描述：

建筑外立面为玻璃幕墙时，外圈结构梁与幕墙间距大于 300mm。消防验收通常会认为此处间距过大，无法达到上下层开口之间的实体墙防火分隔要求。

7

原因分析：

建筑设计人员未与结构设计师沟通，要求梁贴结构板边布置，或者结构柱本身距离幕墙边界过大，导致实体结构与幕墙间距过大，无法满足《建筑设计防火规范》GB 50016—2014（2018 年版）第 6.2.5 条要求。

应对措施：

及时与结构设计师沟通，要求梁贴结构板边布置，或者采取结构挂板的形式满足上下层开门之间实体墙防火分隔要求。

问题【7.2.8】

问题描述：

公共建筑外墙面外窗开启形式采用了推拉窗。按《建筑幕墙、门窗通用技术条件》GB/T 31433—2015 规定，公共建筑的外窗气密性不应小于 6 级。推拉窗气密性达不到此要求。

原因分析：

推拉窗为了便于推拉，无法使用密封胶条，只能使用密封毛条，故气密性一般达不到六级要求。

应对措施：

公共建筑外窗开启形式不宜采用推拉窗，应改成平开窗或悬窗等类型，以满足气密性要求。

问题【7.2.9】

问题描述：

地下公共部位墙体返潮，影响美观，造成住户投诉。

原因分析：

施工图设计时，对细节重视不够，未充分考虑地下公共部位的特殊性，地下室涂料未能采用防霉涂料。

应对措施：

施工图设计时，砌体墙底部应有混凝土反坎，地下室墙面、天棚涂料应采用防霉涂料。

问题【7.2.10】

问题描述：

建筑外墙选用面砖及涂料饰面，为防止外墙出现裂缝需设抹灰的分格缝，设计文件通常对分缝的水平间距和竖向间距及缝宽有约定，忽视了分格缝深度，现场施工切割时会出现穿透防水层的

7

现象。

原因分析：

规范没有统一的分缝构造标准，各个地方规定中对外墙构造层的留缝做法要求不同；设计人员对相关的防水做法不熟悉。

应对措施：

考虑华南地区的气候条件下，对于外墙，宜在室外一侧适当高度位置每层混凝土梁或楼板处留缝，避免在砌体上留缝，且不能延伸至窗框。缝深不应穿透外墙防水层，其中分缝的设计宽度不宜大于 20mm 且不宜小于 5mm，不能采用切割分缝的方式。设计文件应提供相关节点大样，相关构造可参考图 7.2.10。

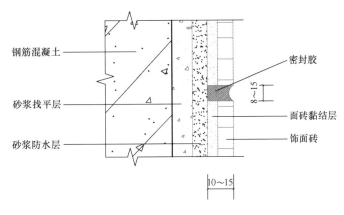

钢筋混凝土
砂浆找平层
砂浆防水层
密封胶
8~15
面砖黏结层
饰面砖
10~15

图 7.2.10 案例示意

问题【7.2.11】

问题描述：

对于涂料饰面墙体及板材拼缝饰面外墙，现场实施会出现收口不齐、线条与其他材料不对缝（如图 7.2.11-1 所示），剩余尺寸又不满足一个模数、不同模数划分的拼缝生硬交接等现象（如图 7.2.11-2 所示）。

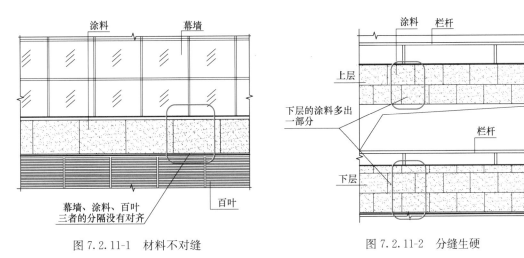

涂料　幕墙
幕墙、涂料、百叶三者的分隔没有对齐
百叶

图 7.2.11-1 材料不对缝

涂料　栏杆
上层
下层的涂料多出一部分
栏杆
下层
600 600 200 600 600

图 7.2.11-2 分缝生硬

7

原因分析：

建筑立面设计没有深入考虑拼缝问题，施工单位没有深化设计，机械地按一定的水平、竖向模数排布，忽视完成效果的要求，涂刷墙面的分缝尺寸出现问题。

应对措施：

建筑立面设计要考虑构件尺寸与材料拼缝问题，排砖图、建筑分色图等应标注细部尺寸，必要时需绘制局部大样图纸，施工前要做好技术交底工作，并要求施工单位实施之前绘制深化图纸，并由建筑师审核及确认。

问题【7.2.12】

问题描述：

住宅裙房底商变形缝跨商铺门窗洞口，变形缝位置设门窗，因建筑沉降等原因，导致门窗无法正常开启（如图 7.2.12 所示）。

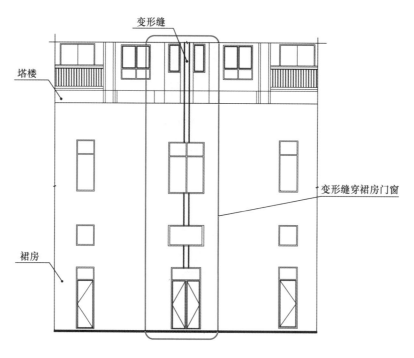

图 7.2.12 案例示意

原因分析：

结构设计未充分考虑建筑平面及立面要求，直接采用单侧或两侧出挑的方式设置变形缝；建筑未考虑变形缝的问题，跨缝设置门窗洞口。

应对措施：

跨度较大的应在变形缝两边设双排柱，跨度较小的可以使用挑梁，建筑门窗不应跨越变形缝，应在变形缝两侧的墙边分设构造柱。

问题【7.2.13】

问题描述：

1）竖向造型柱、线条与裙房首层没有很好地交接（如图 7.2.13-1 所示）。

图 7.2.13-1　竖向线条无收头

2）女儿墙、烟道、楼梯等突出屋面的形体与建筑主体的交接、收头不考究，影响立面（如图 7.2.13-2 所示）。

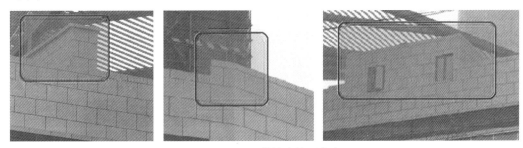

图 7.2.13-2　体块交接不考究

3）门窗洞口与外立面横向、竖向的造型交接不平齐，立面较为凌乱（如图 7.2.13-3 所示）。

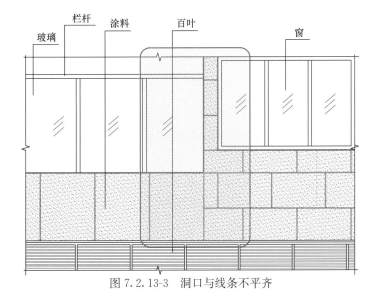

图 7.2.13-3　洞口与线条不平齐

7

原因分析：

外立面设计受使用功能、结构、机电、材料、构造、成本等各种因素影响，易出现一些处理不到位的地方。

应对措施：

水平、竖向造型柱及线条应有完整的收头，立面上突出屋面的形体应尽量考虑外凸或内凹的进退关系，或者材料颜色的变化，门窗洞口与外立面横向、竖向的造型交接应平齐。总之，立面设计要综合考虑各个因素，要系统性地统筹和控制。

问题【7.2.14】

问题描述：

设计时没考虑抹灰、防水、保温厚度，面砖外墙的外立面水平与竖向造型线条、凸窗及空调机位顶板、侧板的宽度通常会与设计初衷不一致，线条的最终效果通常会偏离原设计。

原因分析：

设计图纸上的水平及竖向线条尺寸大都仅为基层（混凝土板或砌块墙）的厚度，一般为 $M=50$ 建筑模数的砌体或混凝土板；而市场上最常用的面砖为 $45mm \times 95mm$，建筑立面设计面砖排布时，未考虑砌体或木模施工的混凝土板需设置找平层，最终导致造型线条的正面抹灰完成后比设计厚度宽 $20 \sim 40mm$。面砖按设计厚度铺贴，则两个边角不能被面砖覆盖，线条不立挺；按设计厚度加一块砖铺贴，则需要加厚造型线条，与设计的初衷相违背。特别是凸窗顶板尚需比凸窗底板多设置防水与保温层，两者混凝土板厚度相同的情况下，造型线条厚度会偏差 $50 \sim 80mm$，对造型影响较大。

应对措施：

设计文件应结合不同施工工艺的厚度要求，设置不同的材质，如凸窗上下板采用涂料或小瓷片铺贴，或凸窗上下结构板的厚度考虑抹灰原因减小厚度，保证其模数满足大墙面的要求。同时，对于设计中需要控制的尺寸，设计文件中应以最终完成面来表示。

问题【7.2.15】

问题描述：

屋顶的装饰性幕墙（女儿墙）过于通透，白天不能起到遮蔽吊顶及屋顶的构架及设备的作用；晚上不能被泛光打亮，成为黑洞，严重影响夜景照明效果（如图7.2.15所示）。

原因分析：

女儿墙部分做幕墙，不设背板，由于屋面光线充足，屋顶的构架及设备全暴露在透明的玻璃面中。晚上玻璃不受光，不能被泛光打亮。

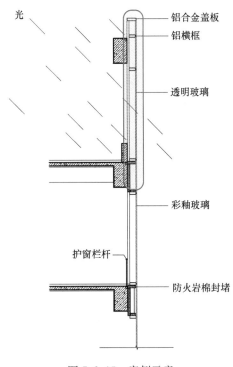

图 7.2.15　案例示意

应对措施：

根据幕墙白天立面的颜色和反射度的特点，以及立面夜景照明的要求，可采取玻璃选型（增加釉面或印花）或增加背板的措施。

问题【7.2.16】

问题描述：

商业立面为满足使用功能的要求，无序地设置进、排风百叶（如图 7.2.16 所示）。

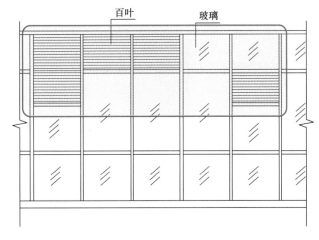

图 7.2.16　立面百叶设置随意

原因分析：

商业规模不大，不愿意"浪费"使用面积来设管井和机房，周边也没有其他能使用的竖向管道。

应对措施：

应结合空调位、广告牌、造型线条、外窗等立面元素统一设计立面百叶，有条件设置竖井的尽量利用竖向风井解决。

问题【7.2.17】

问题描述：

立面功能性防水百叶不能起到遮蔽作用（如图 7.2.17 所示）。

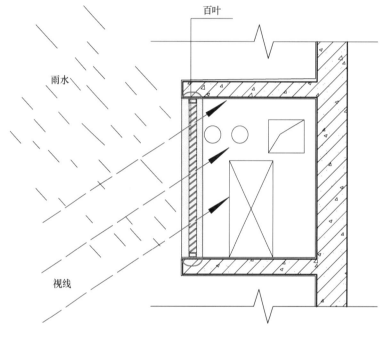

图 7.2.17 案例示意

原因分析：

百叶的角度按防雨百叶要求朝外倾斜，与人抬头的视角平行，造成无装饰性遮挡的效果。

应对措施：

要处理好通风、防排水及视觉美观的要求。通风要求高的立面，百叶应朝内倾斜，与人抬头的视角垂直，形成遮挡的效果；在通风要求不高的位置，可选用格栅作为替代。这两种情况必须做好支撑板的防排水。

问题【7.2.18】

问题描述：

1）未设空调机位、空调机位管线外露、百叶检修不便或脱落后无法更换。
2）使用凸窗凹槽处安装空调，会造成住宅顶楼没有空调外机位置（如图 7.2.18 所示）。

图 7.2.18 案例示意

原因分析:

设计不合理,未考虑到管线乱拉对立面的影响;或原设计的位置安装不便,住户不愿意在原设计的位置安装。

应对措施:

1)应综合考虑工人安装及设备管线对立面的影响;百叶建议使用合页及插销固定,避免自攻螺钉松动脱落。

2)住宅顶楼可使用屋面设置空调位,通过屋面挑檐设置空调管线套管。

问题【7.2.19】

问题描述:

1)客厅空调预留洞口一般在客厅出阳台的门垛处,通常阳台门垛处还有阳台的排水立管,两者易冲突。

2)在本层的凸窗顶板上设置的空调机位,空调预留洞口易与顶板的保温层冲突。

原因分析:

1)空调预留洞口与阳台排水立管冲突主要原因是门垛尺寸较小,或管线排布不合理。

2)空调预留洞口易与顶板的保温层冲突,以图 7.2.19 为例,上下层飘窗板总高度为 1200mm,1200mm 高度内,需满足:450mm 高的凸窗台高度、190mm 高的建筑面层＋结构板＋顶棚抹灰的高度、100mm 高空调室内机与顶棚的安装空隙、280mm 高的室内机高度、20mm 高洞口底平室内机底尺寸、100mm 厚的面层做法,则洞口与凸窗顶板上表面剩余尺寸为 60mm,不足以实施凸窗顶板的找平(兼找坡)层、防水层、保温层、面层。

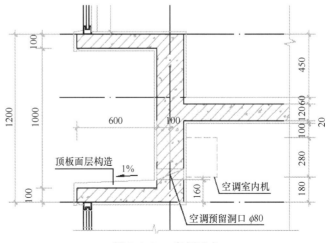

图 7.2.19 案例示意

153

应对措施：

1）空调预留洞口与阳台排水立管冲突，主要措施：加宽门垛尺寸，空调水立管与排水立管分别设置在阳台两侧。

2）空调预留洞口易与顶板的保温层冲突，主要措施：调整凸窗尺寸，由 1200mm 调整为 1250～1300mm。

问题【7.2.20】

问题描述：

各种设备管线外露，排布及设置无规律，立面未采用遮蔽措施（如图 7.2.20 所示）。

图 7.2.20　案例示意

原因分析：

外立面设计时未考虑燃气等管线的路由（燃气管线要求使用黄色警示色）。

应对措施：

立面设计师预留外部管线路由位置，同时与燃气公司设计协调，尽量利用建筑设计条件，或者把外露的管线设在隐蔽处；结合空调机位、凹槽等立面元素统一设计。

问题【7.2.21】

问题描述：

外立面广告位在商业外街和商业内街处标高不一致；部分临街商铺广告位高度过低，在电梯厅、塔楼出入口的位置，广告位高度过低或被打断没有连贯性（如图 7.2.21-1 所示）。

7

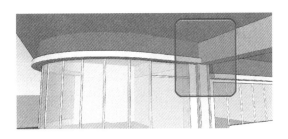

图 7.2.21-1　案例示意

原因分析：

商业内街的机电管线梁下安装，室内高度较室外低，无法统一广告位及门头。

应对措施：

商业内街的机电管线较少，应考虑在门头广告位内安装，或穿梁安装，加大吊顶高度，广告位有条件时，内外应该平齐，如图 7.2.21-2。

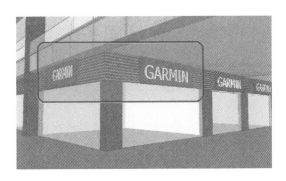

图 7.2.21-2　案例示意

临街商铺的广告位应考虑连贯性，广告位下的门头高度应大于门的高度，可门上设亮子，在出入口的位置，应加强标识性。

问题【7.2.22】

问题描述：

住宅客厅推拉门开启面积不满足节能要求的问题，客厅出阳台常用四扇对开铝合金推拉门，有时不满足节能要求。

原因分析：

节能规范要求：客厅有效通风换气面积不应小于房间地面面积的 10%，阳台门做双轨 4 扇推拉时，门的开启面积最多为 1/2，客厅面积较大时，开启面积可能达不到规范要求。

应对措施：

1）把四扇对开推拉改成三轨三扇双开推拉门，达到最多可开启 2/3 门面积。

2）设计前期解决，可不采用三轨形式（如图 7.2.22-1，图 7.2.22-2 所示）。

7

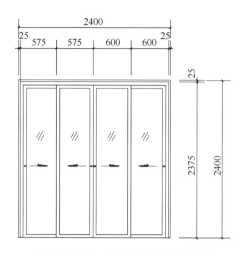

图 7.2.22-1 两轨四扇对开推拉门

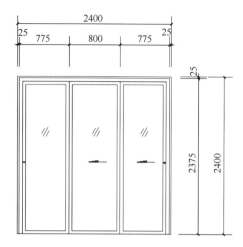

图 7.2.22-2 三轨三扇双开推拉门

问题【7.2.23】

问题描述:

开启扇离地(楼)面较高的窗,开启扇的执手使用不便(如图 7.2.23 所示)。

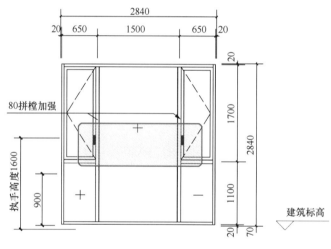

图 7.2.23 案例示意

原因分析:

设计时忽略了人体尺度的要求。

应对措施:

加强设计细节的把控,离地(楼)面较高的窗户的开启扇,划分时需考虑执手使用高度与常规平开窗高度的关系(平开窗高度超 1500mm 时,需加大铰链;或上部加固定亮子,减小开启扇高度)。

7.3　楼梯、电梯

问题【7.3.1】

问题描述：

商业的自动扶梯梯前的畅通区深度不足（如图 7.3.1 所示）。

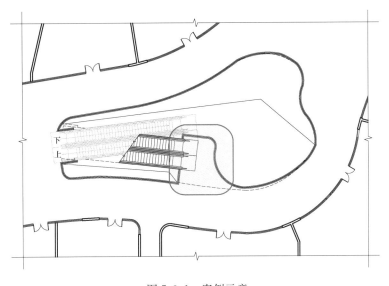

图 7.3.1　案例示意

原因分析：

旧版民用通则中只要求了自动扶梯出入口畅通区不小于 2.5m，人员密集时应加大，并未明确说明加大要求。新版的商店建筑设计规范中，对自动扶梯畅通区的要求是至少 3m。而在《民用建筑设计统一标准》GB 50352—2019 中，对人员密集场所更是做出了不宜小于 3.5m 的要求。

应对措施：

注意规范的更迭，扶梯前后往往会涉及室内空间效果，在方案设计时就要注意深度要求。

问题【7.3.2】

问题描述：

剪刀楼梯出地面改为同一方向出入时，不出地面的一侧楼梯的净高问题（如图 7.3.2 所示）。

原因分析：

1）忽略楼梯未出地面一侧的板顶结构标高、板厚及梁高的影响。
2）忽略顶板覆土高度的影响。

7

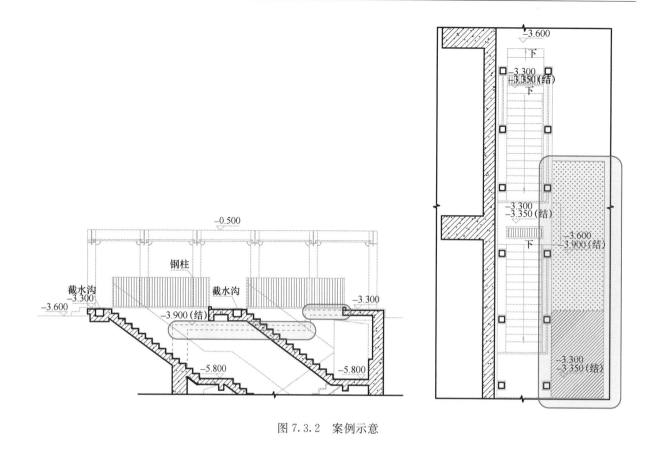

图 7.3.2　案例示意

应对措施：

1）图纸绘制应完整无误，剖切后不能直接看到的应用虚线示意，结构梁板应按照结构实际要求绘制。

2）如有室外管线通过，应和机电专业复核顶板覆土高度，覆土高度一般预留 1.5m。

3）平台净高不小于 2m，梯段净高不小于 2.2m，净高应自楼梯平台、踏步等部位的装饰面算起，至上方突出物装饰面下缘。规范依据为《民用建筑设计统一标准》GB 50352—2019 第 6.8.6 条。

问题【7.3.3】

问题描述：

施工图楼梯设计时梯段至平台最低和最高一级踏步前缘线 0.3m 范围内净高不足，即所谓的"碰头"。

原因分析：

设计时忽略规范要求"最低和最高一级踏步前缘线 0.3m 范围内"，只量了梯段下缘物至台阶平面的垂直距离。

应对措施：

楼梯平台上部及下部过道处的净高不应小于 2m，梯段净高不应小于 2.20m。需要注意：梯段净高为自踏步前缘，包括最低和最高一级踏步前缘线以外 0.30m 范围内量至上方突出物下缘间的垂直高度（如图 7.3.3 所示）。

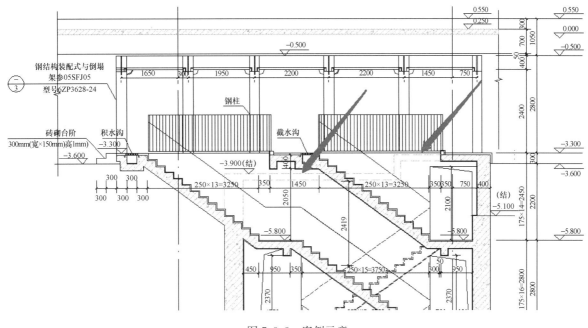

图 7.3.3　案例示意

问题【7.3.4】

问题描述：

楼梯间开门或加压送风洞口与梯柱冲突（如图 7.3.4-1、图 7.3.4-2 所示）。

原因分析：

因结构梯柱一般不在结构竖向构件表达范围内，建筑专业常常忽略了梯柱的存在。

应对措施：

结构专业在给建筑专业提供的竖向构件图里表达梯柱，建筑专业发现问题后及时与结构专业沟通解决（图 7.3.4-2）。

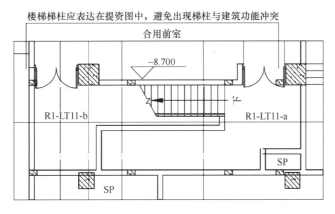

图 7.3.4-1　案例示意

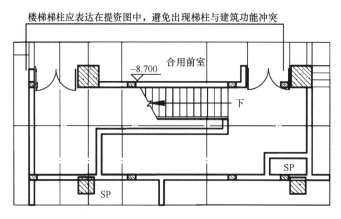

图 7.3.4-2　案例示意

问题【7.3.5】

问题描述：

楼梯疏散门设置在临近梯段处，结构在平台梁下部设置梯柱，经常会偏向平台一侧，从而挡住疏散门，使得疏散宽度不够，不满足设计规范（如图 7.3.5 所示）。

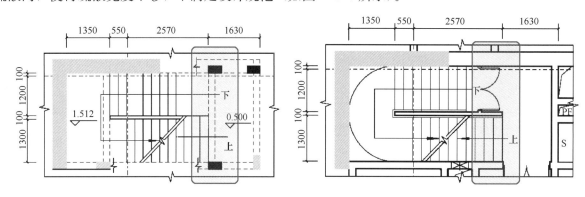

图 7.3.5　案例示意

原因分析：

结构根据楼梯的梯段和平台位置设置梯柱，而忽略了建筑的洞口位置。建筑也未对梯柱位置进行复核。

应对措施：

建筑需提醒结构注意梯柱的布置，并将梯柱放入建筑图中检查是否满足建筑要求。

问题【7.3.6】

问题描述：

当楼梯间内楼层梁截面较宽时，位于梯段平台位置的楼层梁如因设计疏忽容易造成平台疏散宽度不足或是碰头问题（楼梯平台距离楼层梁净高小于 2m 的人员可达空间）（如图 7.3.6 所示）。

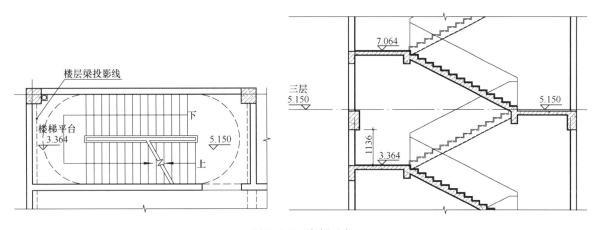

图 7.3.6　案例示意

原因分析：

设计疏忽，设计人未及时跟进结构图纸，与结构专业缺乏沟通校对。

应对措施：

楼层梁下方设围护栏杆或封闭空间，平台宽注意扣除楼层梁下方投影宽度。

问题【7.3.7】

问题描述：

三跑楼梯中间休息平台与框架梁冲突（如图 7.3.7 所示）。

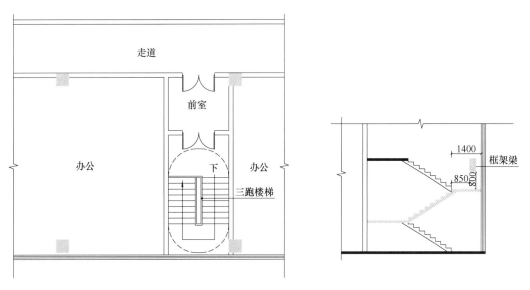

图 7.3.7　案例示意

原因分析：

设计人员在布置楼梯平面时，未考虑剖面关系。

7

应对措施：

增加休息平台宽度，或改成双跑楼梯，保证休息平台的净宽和净高。

问题【7.3.8】

问题描述：

高端甲级写字楼有时为了大堂的豪华气派，会在首层大堂部位设计通高 2 层或 3 层的空间，电梯厅也是如此，忽略电梯安全门的设置（如图 7.3.8 所示）。

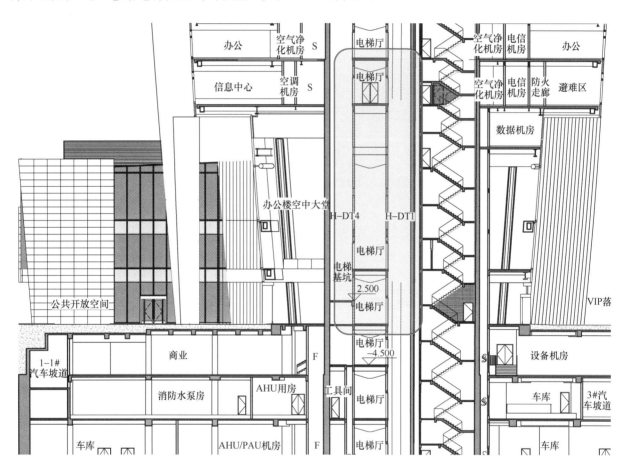

图 7.3.8　案例示意

原因分析：

对规范的条文了解不全面，或者只关注标准层，忽略了大堂等特殊楼层的情况。

应对措施：

在采用大堂两层通高的设计时，最好控制两层层高之和不要大于 11m，如必须大于 11m，或设 3 层通高，需在电梯厅标高 11m 处设夹层；若考虑电梯厅空间效果，不能设夹层，则需采取电梯轿厢互救等非常规措施，对电梯轿厢的装修效果会有不利影响。

另外在电梯有高低分区时，特别注意高区电梯在低区时电梯安全门的设置。

问题【7.3.9】

问题描述：

多台电梯共用井道时（不含消防电梯），如果结构专业不用做剪力墙，中间不需要用墙分开（如图 7.3.9 所示）。

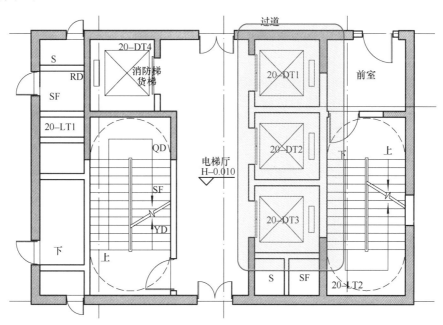

图 7.3.9 案例示意

原因分析：

对电梯的运行需求不完全理解，当电梯井道很高时，井道之间有墙会增加空气阻力，反而不利，而且成本也会增加。

应对措施：

几台电梯并列时（消防电梯除外），井道之间只需设梁（钢梁或混凝土梁都可以），方便电梯轨道的安装就够了。

问题【7.3.10】

问题描述：

如住宅层高为 3200mm 时，多出的第 19 步踏步是否可利用楼梯休息平台设置？

原因分析：

对规范的理解、运用不够全面。

应对措施：

按《民用建筑设计统一标准》GB 50352—2019 第 6.8.5 条规定：每个梯段的踏步不应超过 18

级，亦不应少于 3 级。此条要求明确规定了建筑物楼梯梯段的最少踏步数量。因此，住宅层高为 3200mm 时，一般不应利用楼梯休息平台设置，可采用缓坡、三跑形式等解决。

问题【7.3.11】

问题描述：

楼梯间砌体墙抹灰未设钢丝网。

原因分析：

在抗震规范中规定，楼梯间、墙体和梁接触处等必须挂钢丝网才能进行抹灰。目的是避免地震的时候，楼梯间墙体材料掉落造成人员伤害。

应对措施：

疏散楼梯间砌体墙抹灰前应满挂钢丝网。

问题【7.3.12】

问题描述：

某高层建筑的塔楼核心筒电梯，部分电梯设计为无机房电梯。电梯厂家深化后，告知该电梯只能做有机房电梯。存在现场土建预留不足、电梯选型安装受限等问题。

原因分析：

无机房电梯在梯速和提升高度方面均受限制，无法满足高层建筑电梯的使用要求。

应对措施：

提前咨询电梯厂家，对电梯可行性进行复核及设计。

问题【7.3.13】

问题描述：

电梯顶部冲顶高度、电梯机房净高未考虑结构厚度和吊钩高度，导致安装空间不足。

原因分析：

对电梯技术要求不了解。

应对措施：

电梯顶部冲顶高度要注意扣除结构板厚；电梯机房结构顶板下净高需要考虑结构板厚、梁高、吊钩的影响，预留约 500mm 的高度。

问题【7.3.14】

问题描述：

电梯机房没有设置窗，也未设置排风扇，或未设置空调；机房开门设计在平衡块一侧，无法布置机房设备。

原因分析：

对电梯技术要求不了解。

应对措施：

考虑到机房控制柜工作时会散发热量，为避免控制柜过热，宜增设空调降温，或增加排风扇或开窗保持良好通风；电梯机房开门应尽量避开平衡块一侧。

问题【7.3.15】

问题描述：

电梯层门耐火极限问题，电梯厂商默认提供电梯层门无隔热功能。

原因分析：

《建筑设计防火规范》GB 50016—2014（2018 年版）第 6.2.9.5 条规定电梯层门的耐火极限不应低于 1.00h，并应符合现行国家标准。

应对措施：

在防火设计条文中根据规范要求增加"电梯层门的耐火极限不应低于 1.00h，并应符合现行国家标准"的文字描述。

问题【7.3.16】

问题描述：

楼梯大样中扶手不满足规范要求。较宽的楼梯应做双侧扶手（梯段宽≥1800mm）；中间加扶手（梯段宽≥2200mm）；楼梯两侧均为墙体，至少有一侧做靠墙扶手。公共建筑在楼梯间宜留 150mm 空隙，水平扶手长度超过 500mm 的应注明扶手高度大于等于 1050mm。幼儿园楼梯栏杆应双侧加幼儿扶手。临空楼梯下层是主要出入口的，平台栏杆下侧至少做 100mm 反边（如图 7.3.16所示）。

原因分析：

规范不熟悉以及出图时疏漏。

应对措施：

设计应严格按《民用建筑设计统一标准》GB 50352—2019 等规范执行，在图纸中绘制扶手端

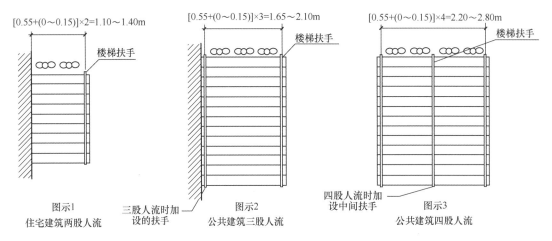

图 7.3.16　案例示意

头与墙交接大样，明确标注选用梯段侧边挡水大样等细节的构造要求。

问题【7.3.17】

问题描述：

楼梯平台扣除扶手尺寸后，净宽不足。

原因分析：

建筑索引图集时，未充分考虑扶手做法对梯段净宽的影响，平面标示与实际扶手样式不符。施工选用扶手凸出平台，净宽不足。

应对措施：

如图 7.3.17 所示。

7

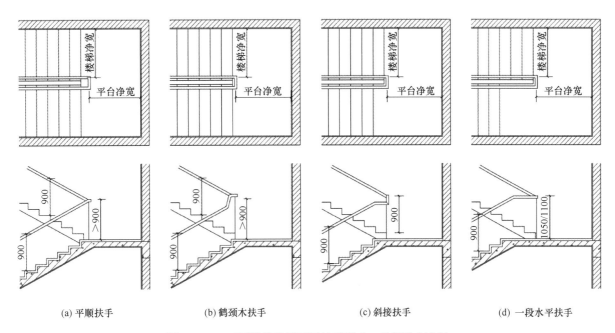

(a) 平顺扶手　　　(b) 鹤颈木扶手　　　(c) 斜接扶手　　　(d) 一段水平扶手

图 7.3.17　不同梯段选用不同扶手形式，确保平台净宽

注：要根据扶手的型式计算净宽。

问题【7.3.18】

问题描述：

楼层梯段相邻踏步高度差大于 10mm，行进中容易绊倒。

原因分析：

建筑大样图中表达的是同样厚度的面层材料，未考虑楼梯平台和踏步选用不同装修面层的实际需求，厚度不一，踏步完成面高差超过 10mm。

应对措施：

《民用建筑设计统一标准》GB 50352—2019 规定，梯段内每个踏步高度、宽度应一致，相邻梯段的踏步高度、宽度宜一致。

《建筑地面工程施工质量验收规范》GB 50209—2010 规定，楼层梯段相邻踏步高度差不应大于 10mm；踏步两端宽度差不应大于 10mm。

实际设计中，应充分考虑装修构造厚度，按建筑完成面核算踏步高度、宽度，并符合规范要求。

问题【7.3.19】

问题描述：

某项目楼梯二层处楼梯栏杆水平长度大于 500mm，栏杆的防护高度和楼梯扶手高度一致，仅 900mm，小于 1050mm，不满足规范要求，存在安全隐患（如图 7.3.19 所示）。

7

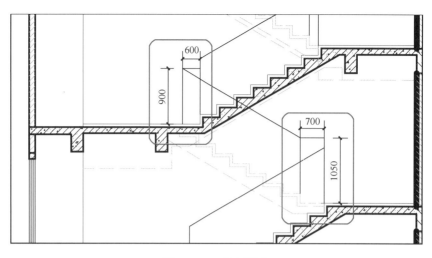

图 7.3.19　案例示意

原因分析：

忽略水平长度大于 500mm 时，防护高度要不小于 1050mm 的要求。

应对措施：

增加平直段栏杆高度不小于 1050mm。

7.4　设备用房及管井

问题【7.4.1】

问题描述：

在医院建筑设计中，特别是大型医院建筑设计中，除了传统的空调专业通风井、强电井、弱电井、水井等，还会涉及很多其他专项设计的井道。例如防辐射专项的失超井、实验室相关的排放有毒气体的排风井、医用气体专项的医气井、物流系统的物流井等。这些管井不仅数量众多且面积很大，并且只有在后期深入设计之后才能提出具体需求，前期设计中非常容易被忽略掉，导致在平面已经确定之后，突然各种专业提出增加很多管井的需求，平面只能像打补丁一样被改得面目全非，拆东墙补西墙，改动量很大而且不美观（如图 7.4.1 所示）。

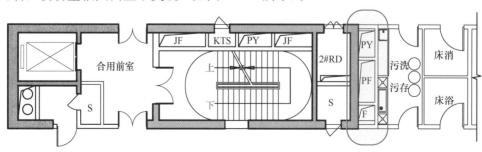

图 7.4.1　案例示意

原因分析：

在医院建筑平面设计前期，只按照常规在核心筒周围预留了常见的管井的位置，而没有考虑到这些特殊的管井将来的需求，导致最后只能像补丁一样到处寻找空隙，且很难做到上下层对位又不对平面产生致命影响。

应对措施：

在大型医院建筑平面设计的初期，就在核心筒的周围根据一级流程的科室功能多预留一些对应的可能出现的管井的位置，提前规划好，将来就在预留的管井群里切分蛋糕，在较为规则且上下对齐的可控范围内修改管井，不会影响周边的平面布局。

问题【7.4.2】

问题描述：

住宅区规划设计项目中配电房设置，不同地区规则有较大不同，部分地区可设置在地下室，部分地区必须设置在地面标高以上。

原因分析：

设计人员对配电房不够重视，没有了解其对小区规划带来的重大影响。

应对措施：

需在前期规划阶段主动与甲方进行沟通，敦促甲方征询相关管理部门，充分了解配电房设置要求，如设置标高、与周边建筑间距以及房间尺寸，与其他非居住功能能否毗邻等问题，避免后期由于配电房选址导致规划调整。

问题【7.4.3】

问题描述：

竖向的风井、水井等常常会被结构梁遮挡，使得管井有效面积不够（如图 7.4.3 所示）。

原因分析：

建筑在布置管井平面时，未结合结构梁进行综合考虑。

应对措施：

建筑在进行楼板开洞时，需将结构图套到建筑图中整体考虑。对于部分次梁，也可根据开洞需求，与结构商量调整。

7

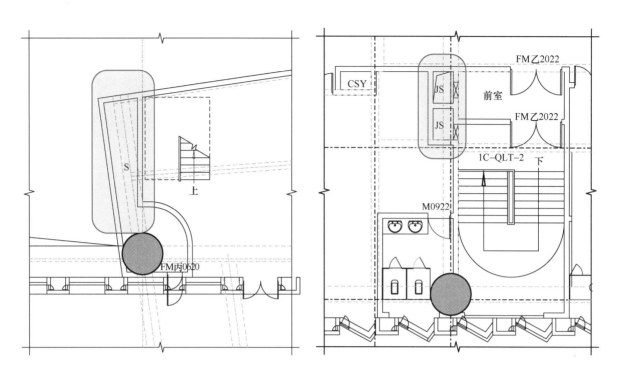

图 7.4.3　案例示意

问题【7.4.4】

问题描述：

车库上层设置的集水坑及其他设施的底板凹入下层车库顶板，造成下层车库局部净高不满足停车要求，导致车位浪费。

原因分析：

集水坑有一定的深度要求，上层集水坑底板会低于下层结构顶板。设置集水坑位置时，若不考虑下层平面的使用要求和净高要求，容易出现影响下部使用空间的问题。

应对措施：

1）若上层为车库，可考虑采用地漏排水方式，地漏不会对下层净高造成影响。

2）若上层为有排水需求的设备用房，集水坑移至边角、对下层使用无影响的位置（如图 7.4.4所示）。

7

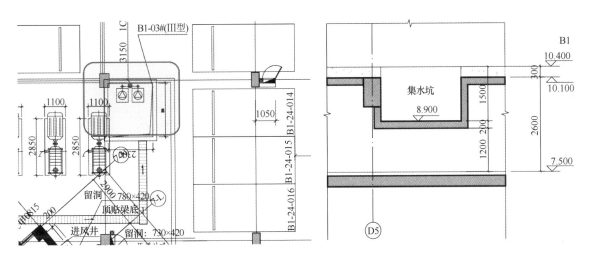

图 7.4.4　案例示意

7.5　其他构造部位

問題【7.5.1】

问题描述：

　　建筑内相邻楼层的地面都有高差变化，上下层标高变化的位置有重合，导致下部楼层局部受上层降板影响，层高和净高不足，影响疏散通道高度和管线路径。现场已施工的情况下，需要局部砸梁并设立柱增加竖向支撑（如图 7.5.1 所示）。

原因分析：

　　上层高度降低的区域与下层未降低区域重合，结构梁下净高不满足走道最小净高要求。设计时没有表达足够多的详图或图纸表达不够完善从而未及时发现问题。

应对措施：

　　方案设计时尽量避免室内空间有过多的变化，如有标高变化或者有局部夹层等情况，平面应结合剖面设计统一考虑。深化设计阶段复杂区域应增加局部剖面，并结合结构和机电管线统一核对。有条件时可采用三维手段核查。

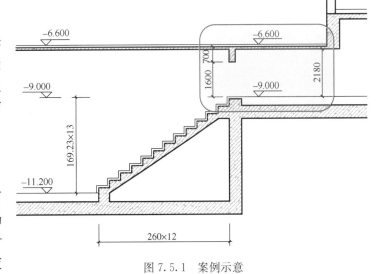

图 7.5.1　案例示意

7

问题描述：

坡道下部的车道位于斜板以下，扣除结构高度和管线后净高严重不足（如图 7.5.2-1 所示）。

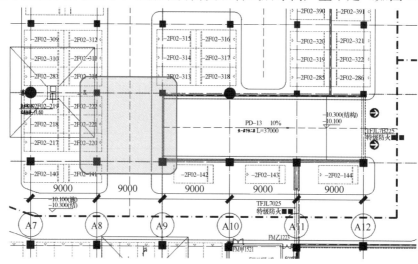

图 7.5.2-1　案例示意

原因分析：

地下室平面和详图由不同人员负责设计。坡道详图未完全表达地下车库的车位、车道等实际功能，导致平面和剖面设计人均未能及时发现空间不足。

应对措施：

详图设计需要详细表达平面功能、结构构件和机电等各项条件，以准确反映不同位置各种功能的空间关系。有条件的情况下可在三维模型中复核（图 7.5.2-2）。

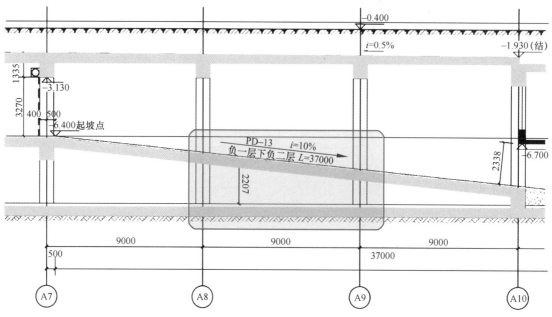

图 7.5.2-2　案例示意

问题【7.5.3】

问题描述：

　　公寓、住宅标准层户内电气强弱电箱在墙面垂直方向重合布置，电气暗敷在墙面和楼板位置的管线过多，楼板厚度仅 100mm 厚导致楼板开裂渗水（如图 7.5.3 所示）。

图 7.5.3　案例示意

原因分析：

　　结构楼板厚度较薄，与楼板交界暗敷管道出管位置管道集中、密集，出现三层管线重叠部位，在重叠部位无混凝土保护层，导致楼板开裂容易渗水。

应对措施：

　　1）强弱电箱在墙面上的位置不能竖向重合，避免所有管线在同一部位出管。
　　2）增加结构板厚，或者增加建筑面层厚度，局部暗敷管线走建筑面层部位。

问题【7.5.4】

问题描述：

　　露天的石材缝大量钙盐析出，污染石材（如图 7.5.4 所示）。

原因分析：

　　设计单位没有针对露天石材铺贴提出合理做法，施工单位为了保证铺贴速度，使用干硬性砂浆铺贴地石材、面砖，砂浆不密实，造成钙盐析出，污染石材表面。

应对措施：

　　设计单位应针对露天石材的特点

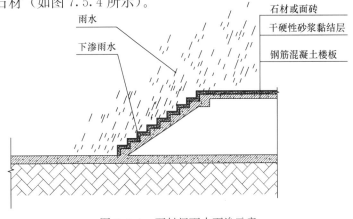

图 7.5.4　石材间雨水下渗示意

7

提出做法要求，在观感有要求的区域，应避免直接使用干硬性砂浆铺贴地石材、面砖，应在基面上设找平层，在保证粘贴基层平整的情况下，使用专用石材胶黏剂湿贴施工。条件允许的位置可在找平层埋设导水管，上部设截水沟，石材边缝使用硅酮防水密封胶封闭。

问题【7.5.5】

问题描述：

停车库设计中的机械式停车位设计相比普通停车位有更多设计细节，如果不满足，则会产生无法安装或者应用非标产品导致成本增加的问题。

原因分析：

设计者对于国家标准图集或者厂商参数不甚了解，以为双层机械车位就是普通车位的累加，殊不知车位长度最小 5500mm、车道 6000mm、双层升降横移净高最小 3600mm 等，这些基本的尺寸要求均是与普通车位不相同的。

应对措施：

参考国家建筑标准《机械式停车库工程技术规范》JGJ/T 326—2014 和《机械式停车库设计图册》13J927—3（下方图示示例），或者厂家提前介入，做好机械式停车库的土建配合工作，重点了解停车位和车道的空间尺寸需求、消防设计要求和土建预留预埋需求等（如图 7.5.5 所示）。

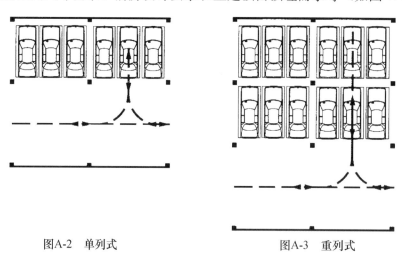

图A-2　单列式　　　　　　　　　图A-3　重列式

表A-1　停车空间尺寸（mm）

车位宽度 W		2350~2500
车位长度 L		5500~6000
设　备 净高度	二层	≥3600
	三层	≥5300
	四层	≥7000
	五层	≥8300
	地坑	≥2000
注：如为重列式设备净高度应适当增加100mm或200mm。		

图 7.5.5　案例示意

7

问题【7.5.6】

问题描述：

　　在地块过于狭小的场地，设计选择地上敞开式汽车库，可减少地库开挖方量，节约成本，得到具有自然通风和采光的停车空间，且可做自然排烟，无排烟风管，更加节约层高，还可根据停车排布设置柱网和外轮廓，得到更高的停车效率。但设计上必须遵守敞开式汽车库的设计要求，否则上述设计优点不能一一兑现。

原因分析：

　　地上车库设计不符合《汽车库、修车库、停车场设计防火规范》GB 50067—2014 对"敞开式汽车库"的要求："任一层车库外墙敞开面积大于该层四周外墙体总面积的 25%，敞开区域均匀布置在外墙上且其长度不小于车库周长的 50% 的汽车库。"另外，还需满足本规范第 8.2.4 条"自然排烟口设计形式、总面积不应小于室内地面面积的 2%、方便开启、排烟口（窗）下沿高度"的设计要求，第 8.2.6 条"排烟口距该防烟分区内最远点的水平距离不应大于 30m"的设计要求。

应对措施：

　　在方案设计阶段，设计者就应该了解敞开式汽车库设计要求、防排烟设计要求等，及其对于车库立面设计和体量轮廓设计的影响，满足敞开式汽车库自然排烟的各方面设计要求，得到更加集约、停车体验更好的车库空间。

问题【7.5.7】

问题描述：

　　地下室柱网及消火栓的布置不合理，导致主驾驶下车后结构柱或消火栓遮挡无法完全打开车门，易引起业主投诉（如图 7.5.7 所示）。

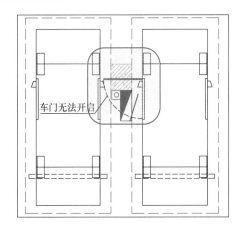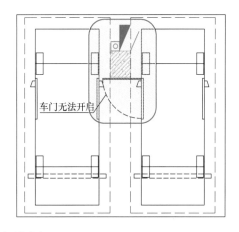

图 7.5.7　案例示意

原因分析：

　　建筑专业布置柱网方案时未考虑柱位与车位间的关系，导致部分车位的柱子刚好布置在车门的位置。水专业布置消火栓时未考虑对车门的影响。

应对措施：

设计时应考虑好柱网与车位的关系，消火栓可安装在柱子前方，并和立管一起考虑，避免对车门打开造成影响。

问题【7.5.8】

问题描述：

高层和超高层住宅建筑中，空调冷凝水管在立面设计时没有考虑充分，预想的位置实际不可行，导致空调冷凝水管需要明装室外（如图7.5.8所示）。

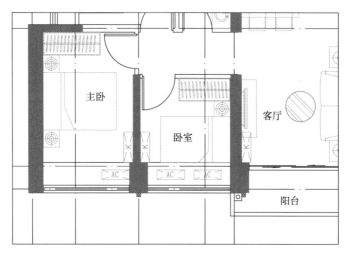

图 7.5.8 案例示意

原因分析：

方案设计阶段考虑将空调冷凝水管设置在阳台上，卧室的冷凝水管穿过结构暗柱及梁，但冷凝水管排水距离过长且有一定的找坡要求，方案预想最终未能实现，导致出现空调冷凝管外挂问题。

应对措施：

方案立面设计时充分考虑冷凝水管的合理布置及实施可行性，立面设计时结合装饰为空调冷凝水管预留合理位置，避免空调冷凝水管明装室外。

问题【7.5.9】

问题描述：

电梯设置在变形缝一侧，电梯井道尺寸未考虑变形缝处结构梁宽对电梯井道的影响，导致电梯无法现场安装（如图7.5.9所示）。

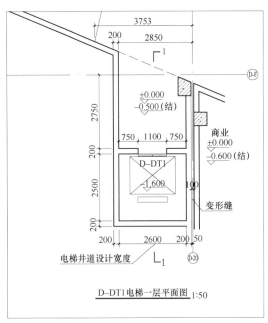
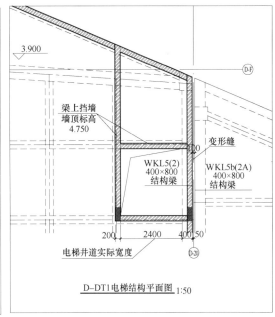

图 7.5.9　案例示意

原因分析：

电梯位于变形缝旁，变形缝两侧结构梁分别设置，该结构梁宽 400mm 且只能偏向电梯井道内部。

应对措施：

考虑该结构梁宽对电梯井道净尺寸的影响，并在建筑图上画出伸入电梯井道结构梁的看线。

问题【7.5.10】

问题描述：

高层塔楼与裙房之间关系比较复杂时，结构需要设置变形缝。在塔楼和裙房交界处，如果设置出裙房屋面的风井、设备间等，会导致变形缝处的平面和剖面关系非常复杂，尤其是塔楼外立面为幕墙时更加复杂，防水很难处理（如图 7.5.10 所示）。

原因分析：

屋面设计时，只考虑平面功能的摆布，忽略了竖向和剖面的设计，等到发现问题时已经不好改了。

应对措施：

推敲屋顶设计时要有全局观。裙房屋顶是多个专业矛盾的汇集点，设备、结构、防水等问题都需要综合考虑。具体到这个问题，考虑到变形缝处的防水问题，应该让变形缝沿线的处理尽量简单，风井、设备间等均需离开变形缝一定距离。

7

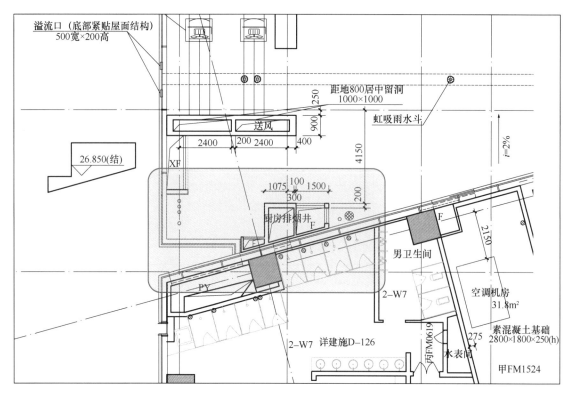

图 7.5.10 案例示意

问题【7.5.11】

问题描述：

空调室外机位偏小，或机位内被排水管所占，导致空调室外机安装困难。室外机上下放两台，中间为混凝土搁板，忘了在中间搁板上留洞，导致其中一台无法穿管。如现场已施工完成，则会造成大面积返工，增加项目成本（如图 7.5.11 所示）。

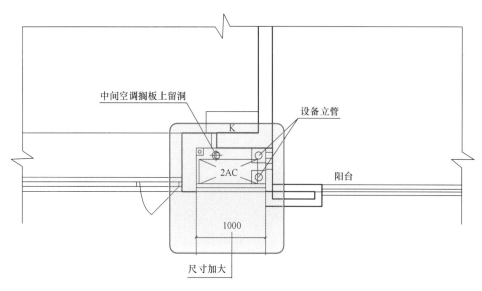

图 7.5.11 案例示意

原因分析：

1）设计人员对各种型号的空调机尺寸了解不够，方案中仅考虑了立面要求，前期未能及时复核修改，建筑设计人员对于设备专业立管对建筑的影响重视不够。

2）施工图设计人员经验不足，对细节设计不够重视，图纸校核不够细致。

应对措施：

1）前期设计时就需要考虑不同型号的空调机对建筑平面和立面的影响；

2）后期设计在户型大样图和墙身详图中标明此处板上留洞的位置及大小。其中，设备专业立管对建筑专业的影响要重点复核并设计到位。

问题【7.5.12】

问题描述：

某地下车库项目，双车道坡道出入口最窄处扣除柱子后的净宽尺寸为 6.8m(<7m)；室内斜楼板式停车区域的停车位，顺着斜板坡度停靠，其长向中线与斜楼板的纵向中线平行，均不满足规范要求。

原因分析：

《车库建筑设计规范》JGJ 100—2015 第 4.2.4 条规定："车辆出入口宽度，双向行驶时不应小于 7m，单向行驶时不应小于 4m。"

《车库建筑设计规范》JGJ 100—2015 第 4.3.9 条规定：

"斜楼板式停车区域的楼板坡度、停车位应符合下列规定：

1　楼板坡度不应大于 5%；

2　当停车位采用斜列式停车时，其停车位的长向中线与斜楼板的纵向中线之间的夹角不应小于 60°"。

应对措施：

1）调整柱子位置加宽车道，满足双车道坡道出入口净宽不小于 7m 的要求；

2）前期即要考虑面层厚度等因素，如为涂料或面砖，至少应考虑两侧总计 50mm 厚的装饰厚度；如为石材或有特殊造型要求，按设计需要，至少每侧考虑 150mm 厚的装饰厚度；

3）斜板位置的车位调整放置位置，满足停车位的长向中线与斜楼板的纵向中线之间的夹角不小于 60°的要求。

问题【7.5.13】

问题描述：

某工程，地下室风井出地面风口距地高度 0.5m，有以下问题：1. 未采取防护措施，存在安全隐患；2. 未采取防小动物的措施（如图 7.5.13-1 所示）。

应对措施：

1）如果是地下车库排风井，依据《车库建筑设计规范》JGJ 100—2015 第 3.2.8 条：排风口不

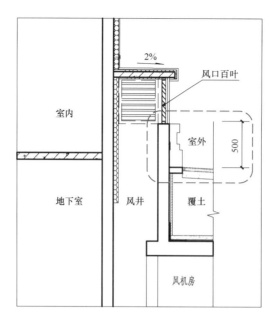

图 7.5.13-1　案例示意

应朝向邻近建筑的可开启外窗；当排风口与人员活动场所的距离小于 10m 时，朝向人员活动场所的排风口底部距人员活动地坪的高度大于等于 2.5m。

2）如果是其他排风井或进风井，其风口底部距地高度应按建筑属性设置，公建 0.8m，住宅 0.9m，如不好判断建筑属性，建议按临空防护高度 1.05m 设置；当风口距地高度不满足上述要求时，也可在风井大样图中注明整体窗框和百叶需满足水平推力（荷载）的要求。

3）实际工程中为了立面效果需做落地百叶时（或风口距地高度很低时），则需在百叶内侧内衬砌体或加做栏杆，砌体或栏杆高度按上面两点设置。

4）如果是变配电房的风井，则还应在百叶内侧设热镀锌钢丝防虫网并注明规格，如图 7.5.13-2 所示。

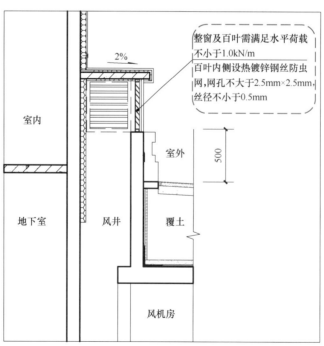

图 7.5.13-2　案例示意

注：水平荷载取值按《建筑结构荷载规范》GB 50009—2012 第 5.5.2.1 条：住宅、宿舍、办公楼、旅馆、医院、托儿所、幼儿园，栏杆顶部的水平荷载应取 1.0kN/m；中小学校按《中小学校设计规范》GB 50099—2011 第 8.1.6 条：临空部位防护栏杆最薄弱处承受的最小水平推力应不小于 1.5kN/m。

问题【7.5.14】

问题描述：

某住宅项目窗户均为内开，厨房处内开窗的开启扇与橱柜重合，水嘴无法安装，影响业主使用（如图 7.5.14 所示）。

图 7.5.14 案例示意

应对措施：

建筑专业应整合精装设计内容，将水池、立管等内容表达在平面图中，门窗设计时给予充分考虑，如采取窗扇外开、修改开启扇的位置等方式。

问题【7.5.15】

问题描述：

某住宅项目客厅外设有设备平台（通常是空调室外机平台），平台标高与室内标高一致，当住户选择的设备较高时会遮挡客厅景观视野，降低住宅品质。

应对措施：

降低设备平台标高，平台板底平梁底，适当抬高窗台高度，这样设备顶高基本就不会高于窗台高度。

问题【7.5.16】

问题描述：

某住宅项目，因窗套影响，室外机安装口和栏杆净距仅 270mm，造成大部分室外机无法安装

（如图 7.5.16 所示）。

因窗套影响，和栏杆净距
取270mm，空调外机无法放进去

图 7.5.16　案例示意

应对措施：

1）修改窗套下沿；2）取消窗套下沿；3）立面调整优化；4）加大空调机位厚度。

问题【7.5.17】

问题描述：

外窗设计不合理，开启扇尺寸过大。

原因分析：

外窗开启宽度过大，后期使用不便，且长时间使用时有导致窗扇变形的可能；尤其是外开时，必须慎重考虑开启的方便和安全。平开窗窗扇宽度较大时，人们开启窗户的动作幅度也相应增大，特别是关窗时，常需踮脚探身去够，给老人开启窗户带来一定的不便；同时较大的窗扇开启后，也更可能和周围的设备家具发生冲突。

应对措施：

对开启窗扇应进行合理划分，一般：
1）平开窗的开启扇，净宽不宜大于 0.6m，净高不宜大于 1.4m；
2）推拉窗的开启扇，净宽不宜大于 0.9m，净高不宜大于 1.5m；
3）推拉窗、上悬窗的开启形式与平开窗相比，开启角度和范围有限，因此窗扇宽度可相对略大。

问题【7.5.18】

问题描述：

空调室外机安装位置设置不合理，造成安装、维修困难，存在安全隐患。

原因分析：

《住宅设计规范》GB 50096—2011 第 5.6.8.3 条规定：当阳台或建筑物外墙设置空调室外机

7

时，应为室外机安装和维护提供方便操作的条件。不过，对于空调室外机位的设计，到底该放在何处，距离窗户多远，目前还没有一个规范的、明确的技术性标准。由于该条款并非强制条款，所以不少空调室外机位的设计存在瑕疵或缺陷。空调室外机难以正常安装到预留机位上，安装空调得像"蜘蛛侠"一样飞檐走壁，出现不少坠落事故。

应对措施：

为方便安装和维修空调及热水系统室外机，保护安装和维修人员的生命安全，应充分重视空调室外机位的设计问题，建议措施如下：

1）住宅的空调室外机位应与建筑一体化设计，合理有序配置室外机搁板或设备平台，不得采用铁质三角支架和膨胀螺栓的安装方式，且避免从屋顶吊挂安装。

2）住宅的卧室、起居室（厅）等主要使用空间应配置室外机搁板，搁板应采用钢筋混凝土结构。室外机搁板及围护设施应满足空调室外机放置、通风及安装、维修等需要，并有安全措施，防止滑落。安装位置应能够方便地对室外机进行安装、维修和清扫换热器等作业。

① 室外机搁板应尽量靠近窗洞设置，可开启的窗户离空调室外机位一侧不大于 1200mm 时可视为易于进行安装及维护。

② 尽量避免设在山墙面、距离窗口较远处以及四周无操作面的凸窗下方。

③ 室外机位旁的外窗应考虑窗的开启扇位置及开启方向对空调室外机安装方便性的影响。

④ 空调围护百叶建议采用轻质材料，并设活动扇，百叶安装位置宜后退 50mm，方便室外机安装操作。

⑤ 充分考虑空调室外机的通风散热，设于建筑凹槽内且正面相对时，应保证足够的间距或错位排布。

3）大户型住宅建议采用户式中央空调，设置易到达的设备平台。

建筑高度在 100m 以上的高层住宅，因其较大风压会影响空调室外机的安装和安全，不宜设置室外机搁板，宜设置专用设备平台集中布置空调机组和热水系统机组。

问题【7.5.19】

问题描述：

学校教学楼等采用分体空调，空调室外机摆放位置结合建筑造型而设置，导致摆放尺寸不够，室外机放不下（如图 7.5.19 所示）。

原因分析：

没考虑空调机选用匹数和相应的室外机及安装尺寸。

应对措施：

应事先与甲方沟通选用机型（如 3 匹或 5 匹等）以及所需台数，了解市面空调室外机的尺寸，并合理结合立面设置摆放室外机的位置及尺寸。

7

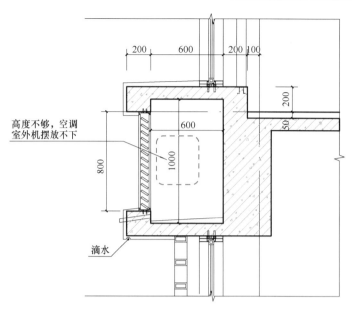

图 7.5.19　案例示意

问题【7.5.20】

问题描述：

　　雨水管居中穿过室外空调机位，致使空调室外机无法安装。

原因分析：

　　建筑专业忽视雨水管位置或与设备专业协调不够。

应对措施：

　　与设备专业协调，调整雨水管位置（如图 7.5.20所示）。

图 7.5.20　案例示意

问题【7.5.21】

问题描述：

室外楼梯没有考虑排水措施，给将来的维护留下隐患（如图 7.5.21 所示）。

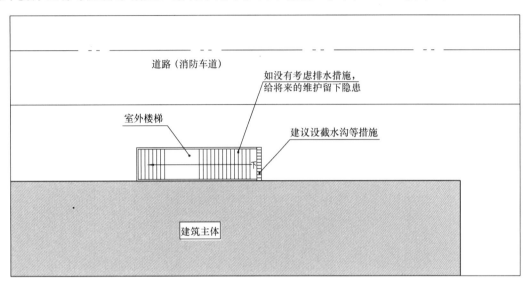

图 7.5.21　案例示意

原因分析：

位于主楼外部的楼梯，设置了挡雨设施或者没有设置挡雨设施，地面未采取相应的排水措施，造成隐患。

应对措施：

此类楼梯如设置挡雨设施，应该在楼梯入口处设置截水沟；如未采取挡雨设施或者挡雨设施不是全围护结构，均应在楼梯入口处和平台处采取排水措施，如截水沟等。

问题【7.5.22】

问题描述：

某住宅项目，上层住户管线检修在下层住户，检修不便。

原因分析：

红线框区域结构未降板（如图 7.5.22-1，图 7.5.22-2 所示）。

应对措施：

统一考虑降板处理，验收前必须按验收规范要求做灌蓄水试验，施工上严格把关，避免后期漏水。

图 7.5.22-1 案例示意

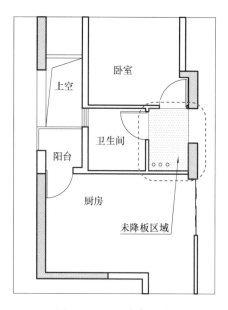

图 7.5.22-2 案例示意

问题【7.5.23】

问题描述：

生活阳台门开启后，尺寸不够 600mm，洗衣机购买有一定限制。

原因分析：

设计门洞尺寸未考虑铝合金型材框料占用宽度。

应对措施：

考虑洗衣机的常规尺寸要求，考虑门洞净宽选择合适的铝合金门框型材，确保门扇净宽不少于 600mm（如图 7.5.23-1，图 7.5.23-2 所示）。

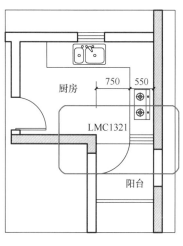

图 7.5.23-1 案例示意

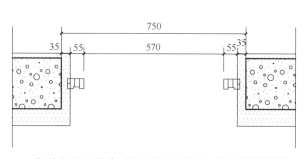

按照门洞750的设计，门的理论数值为570，现场实际做到550

铝合金门设计参数

图 7.5.23-2 案例示意

问题【7.5.24】

问题描述:

室内建筑外窗可开启扇开关把手位于距地 2m 以上的高处（如图 7.5.24 所示）。

图 7.5.24 案例示意

原因分析:

设计人员过分追求外窗分隔的立面效果，没有考虑自然通风和消防排烟设计方面窗扇开启的可方便实施。

应对措施:

尽量在人手可达高度设置开启扇把手，对于高度在 2m 以上的高窗，或人手动开启困难的窗，应设置电动或手摇开启装置，设计时在门窗表和幕墙深化图中注明。

问题【7.5.25】

问题描述:

入户后的开关在入户门扇背后，影响使用。

原因分析:

入户门开启方向未与电气专业、室内设计专业充分沟通确认。

应对措施:

方案阶段合理考虑开关末端位置，注意门开启方向设置，加强各个专业间沟通。同时注意配电箱位置不合适对住户装修的影响，合理考虑配电箱位置（如图 7.5.25-1，图 7.5.25-2 所示）。

7

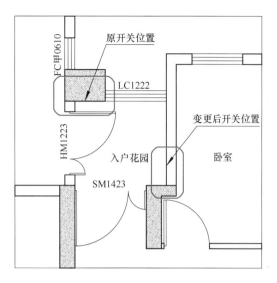

图 7.5.25-1　案例示意

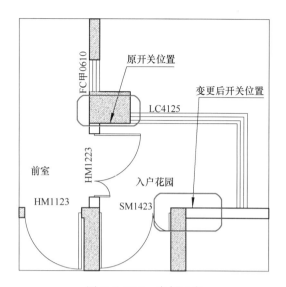

图 7.5.25-2　案例示意

问题【7.5.26】

问题描述：

防滑地砖楼面，特别是多水房间防滑地砖楼面，采用 1∶4 干硬性水泥砂浆粘贴地砖。

原因分析：

干硬性水泥砂浆粘贴地砖凝结不均易产生空鼓、遇水返浆等问题。

应对措施：

防滑地砖楼面，特别是多水房间防滑地砖楼面，改用聚合物水泥砂浆满浆湿贴。

问题【7.5.27】

问题描述：

机动车库基地出入口未设置减速安全设施。

原因分析：

此条要求根据为《车库建筑设计规范》JGJ 100—2015 第 3.1.7 条 "机动车库基地出入口应设置减速安全设施"，这一条是强制性条文，但设计中往往被忽略。

应对措施：

机动车库基地出入口应设置减速带或道闸等。

7

问题【7.5.28】

问题描述：

空调室外机采用防雨百叶或装饰构件较密，导致空调室外机停机，影响使用。用户只好自行拆除全部或局部外装饰构件，危险且影响立面美观（如图 7.5.28 所示）。

图 7.5.28　空调机位百叶过密被拆除案例

原因分析：

设计为了立面美观忽视了空调室外机通风散热技术要求，采用的空调室外机外饰构件过密，或者未进行特殊设计，直接选用铝合金防雨百叶，而铝合金防雨百叶的通透率较低。室外机散热效果差，影响空调运行效率，并容易导致停机。

应对措施：

1）建议不设置外饰构件。

2）外饰构件避免使用铝合金防雨防水百叶，设计外饰构件应复核通透率，满足室外机通风散热技术要求。

3）做好排水措施。

问题【7.5.29】

问题描述：

夏热冬暖地区住宅项目在方案设计阶段，忽略当地居住建筑节能标准第 4.0.1 条规范：居住区应进行热环境设计，遮阳覆盖率和平均迎风面积比应符合《城市居住区热环境设计标准》JGJ 286—2013 的规定。到审图阶段，被发现不符合规范，有被强制调整总图或者单体的风险。

原因分析：

方案设计时较多关注强排、日照、消防、视线等基本规划设计问题，未对组合平面和楼体朝向按照《城市居住区热环境设计标准》JGJ 286—2013 进行优化设计，未达到合理通风、采光要求。

7

应对措施：

建筑性能化设计和《绿色建筑评价标准》GB/T 50378—2019 对建筑的综合性能提出了更高的要求。建议在初步完成项目总体布局和单体组合平面后，对项目的平均迎风面积比进行计算并优化，以满足相关标准要求。同时，建议根据夏热冬暖地区的气候特点，采用气候响应式设计手法，从安全、健康及可持续层面应对高温日晒、暴雨、台风等安全和舒适问题。

问题【7.5.30】

问题描述：

对建筑节能设计理论和方法掌握不到位，导致节能设计效果和效益不佳，以及出现粗糙设计和过度设计问题。

原因分析：

1）设计师缺乏对建筑节能设计理论和方法的系统化认知和学习。

2）方案阶段未从规划、功能布局、体形、表皮等方面考虑建筑节能设计策略（被动式设计）。

3）设计师未根据项目实际情况和需求选择与之匹配的构造方式和材料，常常按照一般项目经验快速完成节能设计文件。

应对措施：

1）参考相关教材或组织研讨，学习并领会建筑节能设计的理论和方法，实时更新节能设计标准资料，并学习掌握实施细则。

2）方案阶段应结合当地如深圳地区的气候特点，从规划、功能布局、体形、表皮（立面与遮阳功能结合）等方面考虑建筑节能和环境舒适，践行被动式设计优先的理念。

3）施工图阶段根据建筑功能和特点，对围护结构节能进行精细化设计，并进行多方案比较，选择经济合理的构造做法。如对不同功能空间的外门窗材料选型、外墙和屋顶等部位的保温隔热做法等。

4）及时了解新型材料，如隔热反射涂料有助于降低建筑立面和屋顶的太阳辐射吸收系数，从而降低建筑表面得热，对建筑东西向外墙和屋面起到较好的隔热作用。

5）对外窗 $SHGC$（太阳得热系数）或综合遮阳系数高标准要求，应将外窗玻璃选型与外遮阳系统进行结合，以满足高等级绿色建筑对外窗热工性能的要求。

问题【7.5.31】

问题描述：

高大空间的气流组织设计缺乏精细化设计。

原因分析：

设计师根据相关标准取值要求、经验设计值为所在空间配置空调。

应对措施：

高大、多层联通空间宜进行精细化气流组织设计，合理设计风速、温湿度，保证舒适性。可借助流体力学软件进行仿真设计，对设计取值进行验证。

问题【7.5.32】

问题描述：

有水房间装配式楼板设缝的构造问题：一是外墙上有开洞的楼梯间采用装配式楼梯梯板，上下设缝，梯板搭接在上下楼梯梯梁上，位移有可能撕裂填缝构造；二是缝不应只有填缝做法，因为这样会带来漏水及开裂隐患。

原因分析：

装配式楼板设缝未考虑防水构造，上下全采用拼接方式，会产生位移，拉裂面层（如图 7.5.32所示）。

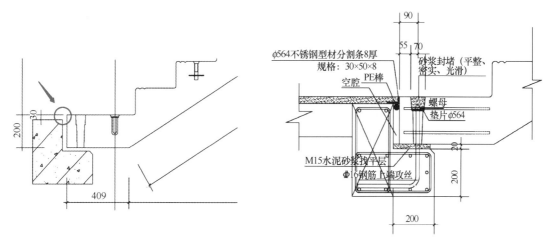

图 7.5.32　案例示意

应对措施：

楼梯梯板上端用刚性连接，下端采用柔性连接（《楼地面构造》12J304 P178 节点五做法，文中有附图），形成软性边接（弹性聚氨酯）），上下两端均按有水房间增加设缝防水构造。

问题【7.5.33】

问题描述：

排水板性能参数问题：排水板构造做法一般只给出杯体高度及形状要求，未规定杯径及承载能力（如图 7.5.33 所示）。

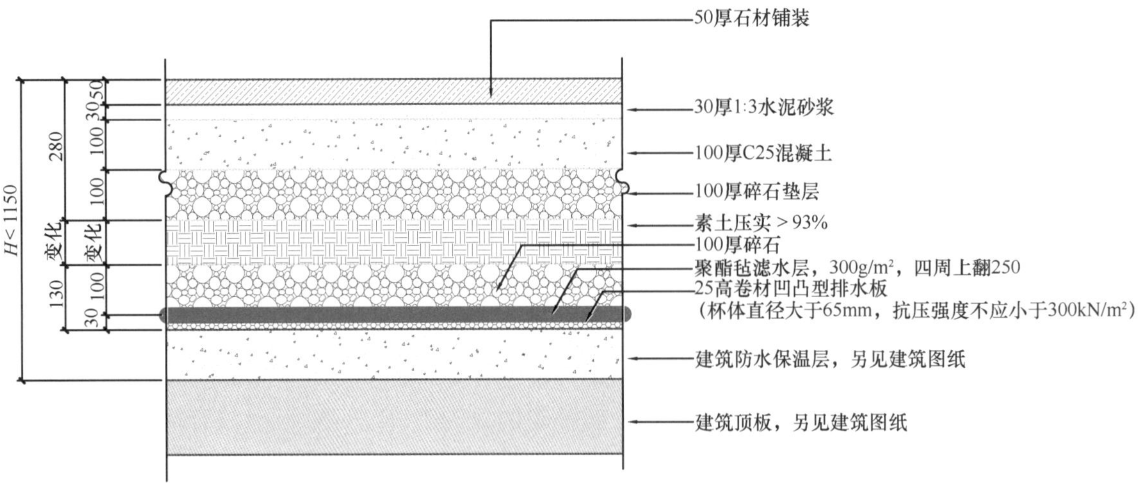

说明：除架空层石材铺装密缝铺贴外，其余场地花岗石铺装均留5mm缝宽
石材铺装结构(建筑顶板上不上车)

图 7.5.33　案例示意

原因分析：

国家标准图集也只是根据覆土厚度不同规定了杯体的不同高度，但是也没有规定相应的承载力，导致现场提供的排水板质量不高，承载能力过低。

应对措施：

增加杯体直径及抗压强度表述。杯体直径大于 65mm，抗压强度不应小于 300kN/m²。

问题【7.5.34】

问题描述：

图集引用问题：设计师应树立正确使用图集的观念，图集仅作为常规节点做法指引，设计师需根据项目的情况及特殊性，相应绘制符合本项目的节点。切忌盲目直接套用图集。

原因分析：

年轻建筑师缺少现场实践能力，对实际施工做法只保留在图面上理解，长期习惯直接套用图集的指引，对构造节点缺少深入思考。

应对措施：

设计师应根据项目的情况及特殊性，相应绘制符合该项目的节点。

7

第8章 建筑及其他专业配合常见问题

问题描述：

建筑专业节能设计说明中未明确所有节能涉及部位的节能措施，如厨卫玻璃选型、厨卫楼电梯外墙保温、玻璃热工系数等，可能导致现场对节能专项措施理解不清或者施工错误。

原因分析：

节能设计图纸交代不细致。

应对措施：

建筑专业的节能设计说明中，应逐条列明所有节能涉及部位的节能措施；除窗热工系数外，将玻璃热工系数列明；明确厨、卫玻璃的选型是否与厅卧相同；明确厨、卫、楼、电梯间外墙是否做保温等。

问题【8.2】

问题描述：

室外管道检查井、阀门井、水表井、电井、化粪池等位于场地或道路主要节点，包括建筑物主要出入口、商铺出入口、广场等处，造价较高，且影响美观、通行和维护（如图8.2所示）。

图8.2 井盖位于道路主要节点空间案例

原因分析：

建筑专业未对设备专业提出明确要求，专业间协调不到位，建筑专业对设备专业涉及影响美观的部位管控不到位。

8

应对措施：

进行室外管线综合设计，确定重要范围和节点，减少各种井数量（移位、合并）；结合地面铺砌和绿化，尽量分散布置或布置在绿化中；考虑维护管道时的影响。

问题【8.3】

问题描述：

建筑未跟结构明确特殊功能房间荷载、降板区域或构造做法，结构设计荷载考虑不足。

原因分析：

专业间协同工作经验不足，一些特殊区域建筑的设计，如消防车道、登高场地、种植屋面、楼面降板回填区域，或特殊建筑构造做法，未提供资料给结构专业，结构专业也未跟建筑专业了解，仅按常规荷载取值进行设计。

应对措施：

建筑专业在初步设计开展之初及时将一些特殊区域设计，如消防车道、消防车登高操作场地、地下室顶板或种植屋面覆土厚度、楼面降板回填区域建筑构造做法、特殊功能区域荷载要求等相关内容提供资料给结构。结构专业设计时，则应充分考虑相关专业设计需求。

问题【8.4】

问题描述：

屋面设备（如空调室外机、冷却塔、风机、电信设备等）和管道高度高于女儿墙（特别是靠近女儿墙、面向主要市政道路），影响建筑物外观和城市美观（如图8.4所示）。

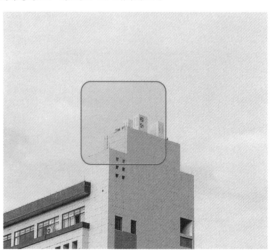

图8.4 屋面设备高于女儿墙案例

原因分析：

建筑专业和设备专业协调不到位，设计人员对设备不熟悉和未考虑设备高度的影响；屋顶平面

8

图和立面图均未表示设备和管道（特别是高于女儿墙），未能发现问题。

应对措施：

屋面平面图和立面图中要表达高于女儿墙的设备和管道，采取加高（局部加高）女儿墙，或降低局部屋面标高，或设备和管道尽量远离女儿墙，或用广告牌遮挡，或布置在较隐蔽之处等措施。

问题【8.5】

问题描述：

卷帘高度和设备安装专业冲突，地下室卷帘高度未考虑卷帘盒的尺寸及梁下穿越卷帘的设备管线安装高度（如图 8.5 所示）。

图 8.5　案例示意

原因分析：

设计人员对卷帘盒的安装尺寸不清晰，且忽略了设备安装的高度。

应对措施：

1）降低卷帘高度，确保设备的安装高度。
2）与设备专业协商，改变设备路径。

问题【8.6】

问题描述：

卫生间器具设置在主梁上，下水管无法往下安装（如图 8.6 所示）。

8

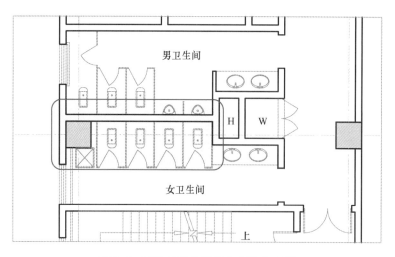

图 8.6 卫生间器具设置在主梁上案例

原因分析：

设计人仅考虑建筑平面尺寸符合需求，对卫生器具管线布置与结构梁的布置不熟悉，未达到多专业综合协调。

应对措施：

设计卫生间时，建筑多专业综合考虑，不仅需要考虑建筑使用关系，尚需将机电设计的管线一并考虑，管线应避开结构梁布置。

问题【8.7】

问题描述：

地下车库坡道结构采用无梁楼盖，原设计坡道结构板下净高 2370mm。图面上满足规范要求。坡道主体施工且喷淋等设备安装后，坡道下方净高仅有 2170mm，不满足《车库建筑设计规范》JGJ 100—2015 第 4.2.5 条的要求（微型车、小型车最小净高为 2.20m）（如图 8.7 所示）。

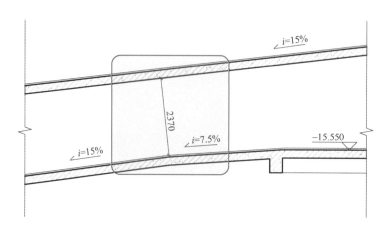

图 8.7 坡道下方净高未考虑设备占用高度案例

原因分析：

常规地下车库坡道是梁板结构，机电管线可以贴梁格内布置。建筑专业设计坡道大样的时候未考虑机电的内容，未考虑坡道面层厚度，仅按结构下最小净高设计。最终机电安装后坡道下方净高不足。

应对措施：

设计地下车库坡道的时候，建筑专业不仅需要核对结构梁板柱的关系，尚需要将建筑面层厚度、机电设计的管线一并进行核对。如果主体已经施工，则可以考虑管线贴边布置或穿梁布置，尽量避开不利区域。

问题【8.8】

问题描述：

阳台、立面造型线条、露台挑梁等结构梁高度大于封边梁高度，导致挑梁外露，线脚交接处不平齐，影响立面效果（如图 8.8-1，图 8.8-2 所示）。

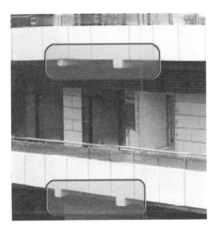

图 8.8-1　案例示意

图 8.8-2　案例示意

8

原因分析：

建筑与结构对图及交接工作不仔细，建筑专业对于封边梁缺乏概念，或对封边梁高度预判不足。

应对措施：

建筑专业应关注出挑部位的结构图纸，参与局部结构方案；同时，加强建筑与结构专业的对图工作，重点核对挑梁与封边梁的尺寸关系，必要时要求挑梁做宽扁梁，或采取封边梁加高或加挂板的方式，拉齐下缘。

问题【8.9】

问题描述：

中庭或扶梯洞口处，卷帘高度成为室内净高的控制性因素，中庭或扶梯洞口侧边存在二次装饰施工，装饰效果受到影响，吊顶平卷帘盒底部，使得吊顶夹层过高，浪费了层高，有时使用功能还会受到影响（如图 8.9-1 所示）。

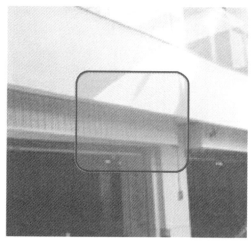

图 8.9-1　案例示意

原因分析：

设计时没有充分考虑卷帘盒安装在梁下的高度需要，幕墙或中庭侧边先装修完后，尚有部分高度没有被封闭。

应对措施：

设计时应充分考虑卷帘盒实施的情况，幕墙或中庭封边高度宜设置得高一些，尺寸至少能够与吊顶平齐。对于净高要求较高的区域，如果结构上有条件平行于洞口设次梁，可以利用梁窝设置防火卷帘；或者，在防火卷帘处宜设计挑板构造，使卷帘避开边梁，利用梁高完成卷帘安装，具体如图 8.9-2 所示。

8

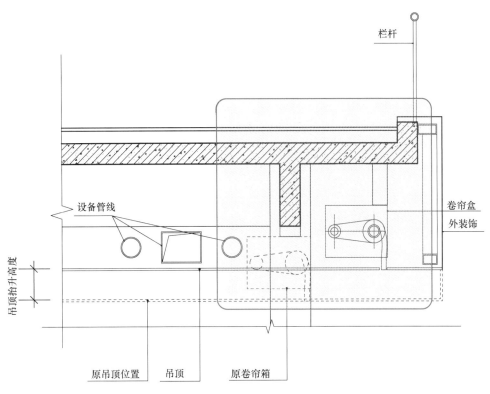

图 8.9-2　案例示意

问题【8.10】

问题描述：

建筑封边梁的外立面装饰与走道吊顶装修不协调，造成吊顶外露，还要二次封边（如图 8.10 所示）。

图 8.10　案例示意

原因分析：

外立面装饰与走道吊顶装修分属于幕墙设计及室内设计，设计的时间节点和设计内容较难统筹考虑，同时，外立面装饰没有充分考虑到吊顶完成面会受到机电管线和吊顶本身构造要求的影响。

应对措施：

建筑专业协调业主的需求，尽量统筹安排各专业及专项设计的关系，预留足够的装修尺寸，避

8

免出现同一位置因不同专业出现多次封边的现象。

问题【8.11】

问题描述：

吊顶处实际隐藏大量管线，出现外立面管线裸露，或者为了包住管线使得外廊立面高度过高。

原因分析：

对吊顶内管线所占用的空间尺度欠考虑，导致立面方案进行修改，无法达到预期效果。

应对措施：

需提前跟其他专业沟通，在立面设计时预留足够的管线空间（如图 8.11 所示）。

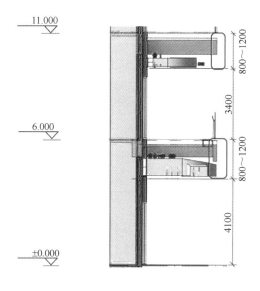

图 8.11　案例示意

问题【8.12】

问题描述：

石材幕墙或者铝板幕墙的分缝与玻璃幕墙的分隔错位。

原因分析：

立面设计仅考虑局部，缺乏整体设计，没有采用模数化的划分饰面板的方法。

应对措施：

分缝需充分考虑与其他立面的分隔或者分缝的对位关系（如图 8.12 所示）。

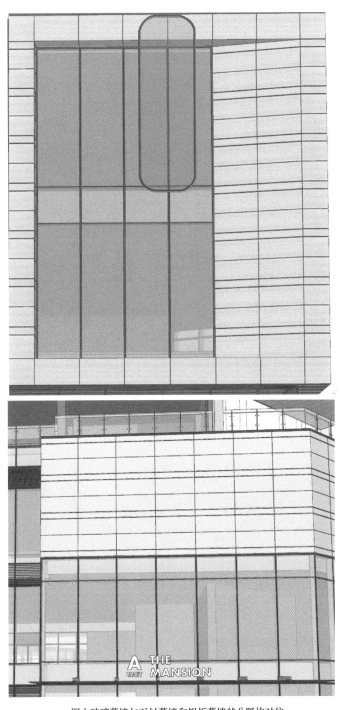

图中玻璃幕墙与石材幕墙和铝板幕墙的分隔均对位

图 8.12　案例示意

问题【8.13】

问题描述：

在很多落成的项目中，通高两层的办公塔楼、商业 Mall 入口大堂以及全天候的公共入口广场仍然设置二层结构主梁，结构梁裸露在通高的空间中。

原因分析：

结构专业没有理解上述重要节点空间的空间诉求，只从建筑结构的经济性考虑在二层设置结构主梁。

应对措施：

建筑专业须及时审核结构专业的图纸并进行相关的沟通，在保证结构安全性的前提下满足节点空间的空间诉求。

问题【8.14】

问题描述：

商业广告位不足，后期广告位的加设影响建筑整体效果。

原因分析：

忽视商业店招的设计，没有预留足够的广告位空间或者做灯箱广告位的条件。

应对措施：

在建筑造型或立面设计中融入广告位的设计，需分别考虑标准店铺，主力店以及大屏幕等不同级别的广告位的设计条件（如图 8.14 所示）。

图中圈出的广告位均为设计预留

图 8.14　案例示意

问题【8.15】

问题描述：

当外立面采用穿孔板作为外幕墙装饰时，高度超过 3600mm 需分为两块。当采用特殊折形工艺时，上下较难对齐。同时穿孔板内部固定方式容易被忽略，室内观感较差。

原因分析：

对穿孔板生产工艺不够了解，对幕墙节点不够敏感。

应对措施：

当使用超大板块穿孔板时，尽量控制长边不要超过 3600mm。同时对其固定方式也需要二次审核及优化，以确保其构造的安全性（如图 8.15-1，图 8.15-2 所示）。

图 8.15-1　案例示意

图 8.15-2　案例示意

8

参 考 文 献

[1] 广东省公安厅. 加强部分场所消防设计和安全防范的若干意见. 粤公通字 (2014) 13 号文.

[2] 国家市场监督管理总局，国家标准化管理委员会. 消火栓箱：GB/T 14561—2019. 北京：中国标准出版社，2019.

[3] 国家人民防空办公室. 人民防空地下室设计规范：GB 50038—2005. 北京：中国计划出版社，2005.

[4] 深圳市住房和城乡建设局. 深圳市建设工程防水技术标准：SJG 9—2019. 北京：中国建筑工业出版社，2019.

[5] 深圳市市场监督管理局. 房屋建筑面积测绘技术规范：SZJG 22—2015. 2015-11-10.

[6] 中国建筑科学研究院. 民用建筑隔声设计规范：GB 50118—2010. 北京：中国建筑工业出版社，2010.

[7] 中国建筑标准设计研究院. 建筑隔声与吸声构造：08J931. 北京：中国计划出版社，2008.

[8] 中国建筑标准设计研究院. 室内消火栓安装：15S202. 北京：中国计划出版社，2015.

[9] 中国建筑标准设计研究院. 建筑设计防火规范图示：18J811-1. 北京：中国计划出版社，2018.

[10] 住房和城乡建设部. 建筑玻璃应用技术规程：JGJ 113—2015. 北京：中国建筑工业出版社，2015.

[11] 住房和城乡建设部，国家市场监督管理总局. 建筑内部装修设计防火规范 GB 50222—2017. 北京：中国计划出版社，2017.

[12] 住房和城乡建设部 国家安全监管总局. 关于进一步加强玻璃幕墙安全防护工作的通知. 建标 [2015] 38 号.

[13] 住房和城乡建设部. 建筑设计防火规范：GB 50016—2014 (2018 版). 北京：中国计划出版社，2018.

[14] 住房和城乡建设部. 城市居住区规划设计标准：GB 50180—2018. 北京：中国建筑工业出版社，2018.

[15] 住房和城乡建设部. 建筑防烟排烟系统技术标准：GB 51251—2017. 北京：中国计划出版社，2017.

[16] 住房和城乡建设部. 车库建筑设计规范：JGJ 100—2015. 北京：中国建筑工业出版社，2015.

[17] 住房和城乡建设部. 住宅设计规范：GB 50096—2011. 北京：中国建筑工业出版社，2011.

[18] 住房和城乡建设部. 托儿所、幼儿园建筑设计规范：JGJ 39—2016 (2019 版). 北京：中国建筑工业出版社，2019.

[19] 住房和城乡建设部. 中小学校设计规范：GB 50099—2011. 北京：中国建筑工业出版社，2010.

[20] 住房和城乡建设部. 宿舍建筑设计规范：JGJ 36—2016. 北京：中国建筑工业出版社，2017.

[21] 住房和城乡建设部，国家质量监督检验检疫总局. 汽车库 修车库 停车库设计防火规范：GB 50067—2014. 北京：中国计划出版社，2015.

[22] 住房和城乡建设部，国家质量监督检验检疫总局. 无障碍设计规范：GB 50763—2012. 北京：中国建筑工业出版社，2012.

[23] 住房和城乡建设部，国家市场监督管理总局. 民用建筑设计统一标准：GB 50352—2019. 北京：中国建筑工业出版社，2019.

[24] 住房和城乡建设部. 商店建筑设计规范：JGJ 48—2014. 北京：中国建筑工业出版社，2014.

[25] 住房和城乡建设部，国家质量监督检验检疫总局. 建筑工程建筑面积计算规范：GB/T 50353—2013. 北京：中国计划出版社，2013.

[26] 住房和城乡建设部，国家市场监督管理总局. 建筑设计防火规范：GB 50016—2014 (2018 版). 北京：中国计划出版社，2018.

[27] 住房和城乡建设部 国家安全监管总局. 关于进一步加强玻璃幕墙安全防护工作的通知. 建标 [2015] 38 号.

[28] 住房和城乡建设部工程质量安全监管司，中国建筑标准设计研究院. 全国民用建筑工程设计技术措施-规划、建筑、景观 (2019 版). 北京：中国计划出版社，2018.

致　　谢

　　本书的编撰，自 2020 年 4 月开始历经数稿。以下单位和人员为本次编撰提供问题、进行审核并校对内容，付出了大量宝贵时间和精力，特此一并致以诚挚谢意。

1. 香港华艺设计顾问（深圳）有限公司

彭建虹　黄　伟　周戈钧　周　新　万慧茹　王　沛　解　准　黄鹤鸣　吴　严　赵　耀　解春浩
张茂华　姜小颖　宋　迎　夏　敏　龙　颜　申　杰　孙永锋　曾　锐　陈　鹏　汤　衡　钱福兵
曾丹丹　邓　昶　杨　琳　徐基云　陈俊宇　程智鹏　马国新　许　诺　尹文斌　谢　昕　黄婷婷
符　君　钱宏周　任　群　张晓英　何雨翰　于　辉　陈乐慧　金　姬　李晓丰　周小光　方　磊
孔卫磊　庞信运　范佳敏　孔维檀　衷　悦　孙　颖　安晓清　高　振　林建灵　刘小良　张　宁
陈锦豪　林晓东　李金锁　曲　鹏　郑迪心　寇梦琪　张苏明　史珂娟　孔春梅

2. 深圳市建筑设计研究总院

易丽雅　林镇海　姬　娜　孙文静　罗韶坚　肖　松　阴惜昙　涂宇红　黄亮棠　岳红文　陈慧芬
苑　宁　孙荣凯

3. 深圳市深大源建筑技术研究有限公司

李晓光　刘传海

4. 深圳华森建筑与工程设计顾问有限公司

郭智敏　葛　岚　蒋　敏　陆　洲　白　威　夏　韬　汤文健　李红蕾　何颖赋　王仕宏　杨小凡
郭　悠　秦　鹤　何润诚　郭锦标　马馨惠　王　涵　王剑锋　谢潢清　吴敏眷

5. 奥意建筑工程设计有限公司

孙　逊　宁　琳　袁春亮　莫英莉　程亚珍　韦久跃　麦浩明　罗伟浪　方　竹　顾　德　陆姗姗
程小波　郭卫新　张　俊　林梓锋　杨佳意　谭佩珍　龙华丽　林力斌　许　锐

6. 华汇建筑设计有限公司

牟中辉　严庆平　孙　莉　邓卫权　钟剑斌　叶君放　杨　洋　潘阳科　陈铮铮　任园园　王　睿
赵　错　陈康元　南　希　蔡伟亮　黄素禹　曾　洲　范允植　唐瑶瑶　蒋　黎　邓振佳　敖　靓
蒋　昀　陈　珂　陈硕祥　孟英杰　王黎晖　胡昊涛　张鹏飞　辛　洋　邓智强　陈支号　荣娜娜
罗　斌　王　昕　李　文

7. 深圳艺洲建筑设计有限公司

方　巍　颜家纯　张国辉　罗庆忠　钟检华　胡锦峰　杨宁博　晏海青

8. 深圳市市政设计院

唐　谦　傅钰滢

9. 深圳市大正建设工程咨询有限公司

刘春春　吴　斌

10. 深圳大学建筑设计研究院有限公司

吴志刚 孙颐潞 曾小娜 张道真 洪 悦

11. 深圳市精鼎建筑工程咨询有限公司

徐 立 陈凌志 马自强

12. 广东省建筑设计研究院深圳分院

邓汉勇

13. 深圳壹创国际设计股份有限公司

洪 亮 刘慧聪 徐凌波 苏会亮

14. 深圳万都时代绿色建筑技术有限公司

任 静 郑俊淋 陆 莎 王 波